ASSOCIATION FRANÇAISE

POUR

L'AVANCEMENT DES SCIENCES

Une table des matières et une table analytique, par ordre alphabétique, terminent chaque Tome des Comptes rendus des travaux de l'Association en 1910.

46474   Paris. — Imp. GAUTHIER-VILLARS, quai des Grands-Augustins, 55.

ASSOCIATION FRANÇAISE

POUR

L'AVANCEMENT DES SCIENCES

FUSIONNÉE AVEC

L'ASSOCIATION SCIENTIFIQUE DE FRANCE

(Fondée par Le Verrier en 1864).

Reconnues d'utilité publique.

———

COMPTE-RENDU DE LA 39ᵐᴱ SESSION.

———

TOULOUSE

— 1910 —

—

NOTES ET MÉMOIRES

Tome III

SCIENCES MÉDICALES;
ÉLECTRICITÉ MÉDICALE;
ODONTOLOGIE.

———

PARIS,

AU SECRÉTARIAT DE L'ASSOCIATION
Rue Serpente, 28

Et chez MM. MASSON et Cⁱᵉ, Libraires de l'Académie de Médecine
Boulevard Saint-Germain, 120.

—

1911

LISTE DES CONGRÈS ET DE LEURS PRÉSIDENTS.
— VOLUMES —

ANNÉES.		VILLES.		PRÉSIDENTS.	
1872	1re Session.	Bordeaux........	1 volume.	Claude BERNARD	(*Décédé.*)
1873	2e —	Lyon...........	1 —	DE QUATREFAGES...........	(*Décédé.*)
1874	3e —	Lille	1 —	Adolphe WURTZ...........	(*Décé·lé.*)
1875	4e —	Nantes.........	1 —	Adolphe D'EICHTAL	(*Décédé.*)
1876	5e —	Clermont-Ferrand.	1 —	J.-B. DUMAS	(*Décédé.*)
1877	6e —	Le Havre........	1 —	Paul BROCA...............	(*Décédé.*)
1878	7e —	Paris...........	1 —	Edmond FRÉMY............	(*Décédé.*)
1879	8e —	Montpellier	1 —	Agénor BARDOUX...........	(*Décédé.*)
1880	9e —	Reims...........	1 —	J.-B. KRANTZ..............	(*Décédé.*)
1881	10e —	Alger	1 —	Auguste CHAUVEAU.	
1882	11e —	La Rochelle	1 —	Jules JANSSEN..............	(*Décédé.*)
1883	12e —	Rouen...........	1 —	Frédéric PASSY.	
1884	13e —	Blois...........	2 volumes ([1]).	Anatole BOUQUET DE LA GRYE.	(*Décédé.*)
1885	14e —	Grenoble	2 — ([2]).	Aristide VERNEUIL..........	(*Décédé.*)
1886	15e —	Nancy..........	2 —	Charles FRIEDEL	(*Décédé.*)
1887	16e —	Toulouse	2 —	Jules ROCHARD.............	(*Décédé.*)
1888	17e —	Oran..........	2 —	Aimé LAUSSEDAT...........	(*Décédé.*)
1889	18e —	Paris...........	2 —	Henri DE LACAZE-DUTHIERS..	(*Décédé.*)
1890	19e —	Limoges.........	2 —	Alfred CORNU.............	(*Décédé.*)
1891	20e —	Marseille	2 —	P.-P. DEHÉRAIN............	(*Décédé.*)
1892	21e —	Pau.............	2 —	Édouard COLLIGNON.	
1893	22e —	Besançon........	2 —	Charles BOUCHARD.	
1894	23e —	Caen...........	2 —	É. MASCART	(*Décédé.*)
1895	24e —	Bordeaux........	2 —	Émile TRÉLAT..............	(*Décédé.*)
1896	25e —	Tunis	2 —	Paul DISLÈRE.	
1897	26e —	Saint-Étienne....	2 —	J.-E. MAREY..............	(*Décédé.*)
1898	27e —	Nantes..........	2 —	Édouard GRIMAUX..........	(*Décédé.*)
1899	28e —	Boulogne-sur-Mer.	2 —	Paul BROUARDEL...........	(*Décédé.*)
1900	29e —	Paris...........	2 —	Hippolyte SEBERT.	
1901	30e —	Ajaccio.........	2 —	E.-T. HAMY	(*Décédé.*)
1902	31e —	Montauban......	2 —	Jules CARPENTIER.	
1903	32e —	Angers..........	2 —	Émile LEVASSEUR.	
1904	33e —	Grenoble	1 volume ([3]).	C.-A. LAISANT.	
1905	34e —	Cherbourg.......	1 — ([3]).	Alfred GIARD	(*Décédé.*)
1906	35e —	Lyon...........	2 volumes.	Gabriel LIPPMANN.	
1907	36e —	Reims...........	2 —	Henri HENROT.	
1908	37e —	Clermont-Ferrand.	1 volume ([4]).	Paul APPELL.	
1909	38e —	Lille...........	1 — ([5]).	Louis LANDOUZY.	
1910	39e —	Toulouse	1 — ([6]).	C.-M. GARIEL.	

[1] Reliés ensemble ou séparément.

[2] A partir de la 14e Session, les Tomes I et II sont reliés séparément.

[3] Pour le 33e Congrès de Grenoble, 1904, et le 34e, Cherbourg, 1905, le Tome I a été remplacé par un Bulletin mensuel dont les numéros 8 et 9 de chaque année ont été consacrés aux comptes rendus des séances générales et aux procès-verbaux des Sections.

[4] Le Tome I a été remplacé par deux brochures parues en septembre 1908.

[5] Le Tome I a été remplacé par une brochure parue en septembre 1909.

[6] Le Tome I a été remplacé par une brochure parue en septembre 1910. Le volume des Notes et Mémoires existe divisé en quatre Tomes, dont chacun comprend sa Table des matières et sa Table analytique par ordre alphabétique.

ASSOCIATION FRANÇAISE

POUR

L'AVANCEMENT DES SCIENCES

SCIENCES MÉDICALES.

M. ÉMILE RIVIÈRE,

Ancien Interne en Médecine,
Directeur à l'École des Hautes-Études au Collège de France,
Président-Fondateur de la Société préhistorique de France.

HISTOIRE DE LA MÉDECINE.

L'OPÉRATION DE LA TAILLE
AU COMMENCEMENT DU DIX-SEPTIÈME SIÈCLE.

617-558.200 37 « 16 »

3 *Août.*

I.

A la fin du seizième siècle et au commencement du dix-septième certaine affection de la vessie, — *la pierre*, pour l'appeler par son nom — était devenue d'une fréquence telle, si nous en croyons du moins les historiens du temps, que les chirurgiens et les barbiers-chirurgiens d'alors étaient, chaque jour pour ainsi dire, quelque peu occupés, dans Paris, à *tailler* leurs clients.

L'opération était dite, en ce temps-là, *tailler du calcul dict la pierre*, et le spécialiste de l'époque, chargé de perquisitionner en la vessie de son prochain plus ou moins calculeux ou pierreux, voire même de sa prochaine, les deux sexes se trouvant indifféremment atteints, s'inti-

***1

tulait *operateur pour la pierre*. C'est ainsi que nous trouvons désigné, en l'an 1608, dans plusieurs actes et contrats, « Maistre *Severin Pineau* », d'aucuns l'écrivaient *Pyneau* par un *y*, « chirurgien du Roy (1), operateur ordinaire pour la pierre, professeur et docteur en chirurgie en l'Université de Paris (2) ».

C'est ainsi également que, si les documents officiels que nous reproduisons ci-dessous insistent sur « la frequence de la malladye du calcul vulgairement appellée *de la pierre* », ils se plaignent, d'autre part, « du peu de personnes qui se trouvoient experimentez à la cure d'icelle ». Par suite, disent les mêmes documents, « le publicq de porter ses doleances ou remonstrances à sa Majesté et aux Seigneurs », c'est-à-dire « au Roy et aux membres de son Conseil », pour ordonner le plus promptement possible la création d'un enseignement, d'une « eschole », où de jeunes bacheliers en médecine apprendraient, sous la direction « d'ung chirurgien expert en ledict art », l'opération de la taille, aujourd'hui la cystotomie hypogastrique ou sus-pubienne.

Les pièces qui nous renseignent à cet égard et que nous publions ici, d'après les Registres du Bureau de la Ville de Paris (3), sont :

1º Le contrat passé par Séverin Pineau avec la Ville de Paris, en 1608, pour « instruire et habiliter au plus tost » une première série de « dix jeunes hommes chirurgiens en l'art et methode de tirer pierre de la vessie qui s'engendre aux corps humains de l'ung et de l'aultre sexes »;

2º Le procès-verbal de la présentation au Bureau de la Ville, par le susdit Séverin Pineau, des dix bacheliers en médecine et l'engagement pris par ceux-ci envers la Ville, le 22 décembre 1608, « de satisffaire aux conditions speciffiées »;

3º L'engagement séparé, envers le même Séverin Pineau, de chacun « desdicts jeunes hommes » accompagnés, chacun aussi, d'un parent ou d'un ami, « se presentant pour caultion ou garantie »;

4º Le rapport de « Severin Pineau aux Prevost des Marchans et Eschevins de la Ville de Paris » touchant l'exécution du susdit *contract* et les résultats obtenus.

Ce rapport, daté du 12 juin 1610, nous fait connaître que la plupart des « dix jeunes hommes y denommez », parmi lesquels se trouve *Philbert Pyneau*, neveu du « Maistre », sont déjà « tellement instruictz audict art qu'ilz font journellement des cures en sa presence et sont cappables de peupler ceste dicte Ville [de Paris], pour servir le publicq en ladicte malladye de la pierre qui est de present fort frequente ».

---

(1) *Henri IV*.

(2) Contrat en date du 14 août 1608 passé au « chasteau du Louvre à Paris, au Conseil de Sa Majesté ».

(3) HISTOIRE GÉNÉRALE DE PARIS. — *Registres des délibérations du Bureau de la Ville de Paris*, tome XIV, (1605-1610). — Texte édité et annoté par LÉON LE GRAND.

Voici ces divers documents :

II.

ESTABLISSEMENT D'UNE ESCHOLE
POUR APPRENDRE A TAILLER DU CALCUL DICT LA PIERRE ([1]).

« Par devant les notaires et gardenottes du Roy nostre sire, en son Chastellet de Paris, soubzsignez, furent presens messire Nicolas Brulart ([2]) chevallier, sieur de Sillery ([3]), Chancellier de France, et hault et puissant seigneur messire Maximilian de Bethune, duc de Sully, pair de France, marquis de Rosny, conseiller du Roy en ses Conseilz d'Estat et privé, superintendant des finances et bastimens de Sa Majesté, pour et au nom de Sa Majesté, d'une part;

« Monsieur maistre Jacques Sanguyn ([4]), sieur de Livry ([5]), conseiller du Roy en sa Cour de Parlement, Prevost des Marchans, noble homme maistre Germain Gouffé ([6]), substitud de Monsieur le Procureur du Roy ou Chastellet de Paris, honnorable homme Jehan Vailly ([7]), bourgeois de Paris, maistre Pierre Parfaict ([8]), greffier en l'Eslection de Paris, et noble homme m° Charles Charbonnieres ([9]), conseiller du Roy et auditeur en sa Chambre des Comptes, Eschevins de ladicte Ville de Paris, d'aultre part ([10]) ;

([1]) La pièce figure au folio 199 du Registre H 1795 du Bureau de la Ville de Paris des assemblées tant du Conseil de ladicte Ville que publicques, generalles et particullieres, des estatz et bourgeois d'icelle, deliberations, entrées, pompes funebres et aultres actes, commenceant au quinziesme jour de Juin mil six cens neuf et finissant au quatorziesme jour d'Aoust mil six cens douze. — M° Pierre PERROT, procureur du Roy et de ladicte Ville; M° Guillaume CLEMENT, greffier de ladicte Ville. (Tome XIV, page 355).

([2]) NICOLAS BRULART ou BRUSLART, marquis de Sillery, garde des sceaux, chancelier de France, fut l'un des négociateurs du renouvellement, en 1601-1602, de l'alliance entre Henri IV et les Ligues suisses. Il fut aussi envoyé à Florence par Henri IV pour dresser le contrat de son mariage avec Marie de Médicis, lequel fut signé le 25 avril 1600 (*Léon le Grand*). Au mois de « febvrier 1597, M. de Sillery-Bruslart avoit esté reçu President en la Cour de Parlement, au lieu de M. Le Maistre, qui luy vendist ledict estat, que le Roy luy avoit donné, seize mil escus. » (*Journal de Henri IV*).

([3]) *Sillery*, village de la Marne, canton de Verzy, arrondissement de Reims.

([4]) JACQUES SANGUYN, seigneur de Livry, de par un de ses ascendants, SIMON SANGUYN, receveur des tailles, qui en avait acheté la seigneurie en 1499, était aussi Conseiller de Ville. Il fut élu prévôt des Marchands en 1606, pour la première fois, et réélu en 1608 (le 16 août), pour deux autres années.

([5]) *Livry*, canton du Raincy, arrondissement de Pontoise (Seine et Oise).

([6]) GERMAIN GOUFFÉ fut échevin de Paris de 1606 à 1608.

([7]) JEHAN VAILLY ou DE VAILLY, seigneur de Breuilpont, receveur des pauvres, échevin de Paris de 1606 à 1608. (La seigneurie de Breuilpont se trouvait dans le département de l'Eure).

([8]) PIERRE PARFAICT, échevin de Paris de 1607 à 1609, fut nommé maître et gouverneur de l'Hôtel-Dieu de Paris au mois de décembre 1607.

([9]) CHARLES CHARBONNIERES, élu échevin de Paris en 1607, pour deux ans.

([10]) Du passage suivant du *Journal de Henri IV*, pour l'année 1608, passage qui me semble d'autant plus intéressant à reproduire que l'Hôtel-de-Ville de Paris d'alors n'existe plus, ayant été incendié en 1871, il résulte que les susdits « Prevost des Marchans et Eschevins de Paris » eurent leur nom gravé, en cette même année

« Maistre Severin Pineau ([1]), chirurgien du Roy et son operateur ordinaire pour la pierre, professeur et docteur en chirurgie en l'Université de Paris, en son nom, encores d'aultre part;

« Disans lesdictes partyes, mesmes lesdictz sieurs Prevost des Marchans et Eschevins ou dict nom, que comme le tems faict naistre et descouvre diverses malladyes, lesquelles n'estoient si frequentes, et dont la cure au commancement est fort difficile et perilleuse, pour n'estre la nature du mal bien congneue et le peu de personnes qui se trouvoient experimentez à la cure d'icelles : que depuis quelques années ilz auroient recongneu que les habitans de ceste Ville auroient esté affligez de la malladye du calcul vulgairement dicte de la pierre, partye desquelz avec une fort grande despence auroient esté garentiz du mal, et les aultres, pour peu de commoditez qu'ilz auroient de supporter sy grandz fraiz, après avoir esté longtems tourmentez d'icelluy, en seroient enfin deceddez, ce qui provenoit de ce qu'il y avoit peu de personnes experimentez à la cure d'iceluy ([2]), dont le publicq reçoit beaucoup d'incommodité, à quoy il estoit fort necessaire de remedier pour obvier à plus grand mal. Et n'aians moiens d'y pourveoir, auroient eu recours à Sa Majesté et aulcuns des seigneurs de son Conseil, la suppliant en toute humilité de voulloir, en tesmoignant l'affection qu'elle porte à sa bonne ville de Paris, user de sa liberalité accoustumée et leur bailler moiens de pouvoir faire instruire, par ung chirurgien expert, dix jeunes hommes chirurgiens en l'art et methode de tirer pierre de la vessie, qui s'engendre aux corps humains de l'ung et l'aultre sexes. A quoy sa Majesté inclinant pour l'affection qu'elle porte à son peuple et particullierement aux habitans de sa bonne ville de Paris, de la conservation de la santé desquelz il est autant soigneux que desireux de l'embellissement de sa Ville, auroit commandé de faire faire ladicte instruction, et pour cest

---

1608, sur une plaque de marbre fixée au mur d'une des salles, récemment achevée, de l'Hôtel-de-Ville :

« Dans le mesme moys [Aoust 1608] feust parachevée la grand' salle neufve de l'Ostel de Ville de Paris. Sur icelle est gravée en marbre cette inscription : Du regne du tres chrestien Henri IVᵉ, Roy de France et de Navarre; et de la Prevosté de Maistre Jacques Sanguyn, sieur de Livry, Conseiller du Roy en sa Cour de Parlement; et de l'Eschevinage de Maistre Germain Gouffé, Advocat en ladicte Cour ; Jehan de Vailly, sieur du Breuil du Pont ; Pierre Parfaict, Greffier en l'Eslection, et Charles Charbonnieres, Conseiller du Roy et Auditeur en sa Chambre des Comptes. Ceste salle a été parachevée... 1608. » (PIERRE DE L'ESTOILE. — Mémoires-Journaux, tome IX, pages 410-411; Supplément de 1736 au Journal de Henri IV.)

([1]) SEVERIN PINEAU était originaire de Chartres. Il fut reçu, en son temps, Maître au Collège Saint-Côme à Paris; « il en estoit l'Ancien, lorsqu'il mourut le 29 novembre 1619. Il eut le titre de Chirurgien du Roi et se rendit célèbre par l'opération de la Taille, qu'il pratiquoit au grand appareil ». Nous le retrouvons, en effet, figurant « sur l'estat general des officiers de la Maison du Roy pour l'année 1611, en qualité d'operateur pour la pierre, aux gages de 300 livres par an. » (Archives nationales, Z^{lu} 472 et Note Léon le Grand). Il avait appris la susdite opération de LAURENT COLOT, médecin du seizième siècle, auquel il était allié par son mariage avec une de ses cousines et que Henri II avait attaché à sa Cour, vers 1550, en qualité de chirurgien du Roi. (N.-F.-J. ÉLOY. — Dictionnaire historique de la Médecine ancienne et moderne, t. III, p. 567. Mons, M.DCC.LXXVIII).

([2]) Iceluy est écrit tantôt avec deux l, tantôt avec un seul.

effet ordonné qu'il feust paié comptant des deniers de son Espargne audict chirurgien la somme de six mil livres tournois; suivant lequel commandement et après perquisition faicte par lesdictz sieurs Prevost des Marchans et Eschevins d'ung chirurgien expert, auroit esté choisy ledict Pineau, qui se seroit offert, pour le desir qu'il a de servir Sadicte Majesté, faire icelle instruction moiennant ladicte somme. A ceste cause ont lesdictes partyes, ès dictz noms, recongneu et confessé et par ces presentes confessent avoir faict et font entre elles ce qui ensuit :

« C'est assçavoir, ledict Pineau avoir promis et promect à Sadicte Majesté d'instruire et habiliter au plus tost jusques à dix jeunes chirurgiens bien naiz, yssus de bons parens, de bonnes moeurs et desjà advancez en la theoricque et praticque de chirurgie, affin qu'ilz aient moings d'occasions d'exiger des mallades et plus de moiens de soustenir leurs personnes et familles, qui en partye luy seront donnez par lesdictz sieurs Prevost des Marchans et Eschevins, et que en partye le sieur Pineau choisira, et seront tous par luy jugez ydoines et cappables, [en] l'art et methode de bien, seurement et industrieusement tirer la pierre de la vessie en l'ung et l'aultre appareils à l'ung [et] l'aultre sexes, si que doresnavant Paris et la France ne pourront plus mancquer de maistre en cest art, lesquelz, comme par emulation, s'estudieront à operer à qui mieulx mieulx et se rendront non seulement excellans en ceste operation particulliere de chirurgie mais aussy aux aultres, pour pouvoir exercer la chirurgie universelle et estre admiz en la faculté et college de chirurgiens de ceste ville de Paris. Lesquelz escholliers seront aussy obligez et tenuz aux conditions et articles que l'on leur baillera, pour le bien et facilité de ladicte operation que pour l'entretenir et multiplier. A deulx desquelz, sy tost que par operation dudict Pineau ilz seront jugez et tenuz pour cappables de bien operer, lesdictz sieurs de Sillery et de Sully, ou dict nom, promectent leur faire donner une pension de six cens livres à chascun d'eulx; et pour laquelle il plaist au Roy qu'ilz soient emploiez sur son estat. Moiennant laquelle promesse dudict Pineau par laquelle il postpose son interest et prouffict particullier au bien publicq, lesdictz sieurs Chancellier et duc de Sully, pour et au nom de Sadicte Majesté, ont promis et promectent faire bailler et paier par monsieur le tresorier de l'Espargne estant de present en charge audict Pineau, la somme de six mil livres tournois dedans d'huy. Et a esté accordé au cas que après ladicte somme receue par ledict Pineau et ladicte instruction encommancée, il venoit à decedder, que sa veufve et heritiers ne seront tenuz de restituer ladicte somme de six mil livres, ains leur demourera acquise, et à l'advenir l'on luy donnera telle recompense que l'on arbitrera estre deue ou à luy ou aux siens, sellon le bien et soullagement que le publicq en recevra et le contentement que lesdictz seigneurs en auront.

« Car ainsy..., promectans..., obligeans... chascun en droict soy lesdictz sieurs de Sillery et le duc de Sully, ou dict nom, renonçant, etc.

« Faict et passé au Conseil de Sa Majesté tenu au chasteau du Louvre à Paris, fors par lesdictz sieurs Prevost des Marchans et Eschevins, au Bureau de ladicte Ville, l'an mil six cens huict le quatorzeiesme jour d'Aoust avant midy. »

Et ont lesdictz sieurs de Sillery, duc de Sully, sieurs Sanguyn, Gouffé, de Vailly, Parfaict, Charbonnieres et ledict Pineau signé en la minutte des presentes, pour servir audict Pineau.

6   SCIENCES MÉDICALES.

Ainsy signé : « HERBIN » (¹) et « FOURNYER » (²) et plus bas :

« Collationné sur son original en parchemin à l'instant rendu par les notaïres soubzsignez, l'an mil six cens dix le unzeiesme jour de Febvrier ».

Signé : « LE NORMANT » (³) et « DE MONHENAULT » (⁴).

Du lundy vingt deuxiesme jour de Decembre mil six cens huict.

« Ledict jour est comparu au Bureau de la Ville, pardevant nous Prevost des Marchans et Eschevins d'icelle, Mʳ Severin Pineau, chirurgien ordinaire du Roy et son operateur ordinaire pour la pierre, professeur et docteur en chirurgie en l'Université de Paris, lequel nous a remonstré que par contract faict et passé entre le Roy et la Ville, d'une part, et luy, d'aultre part, le quatorziesme Aoust dernier, il c'est (*sic*) entr'aultres choses, obligé d'instruire et habiliter au plus tost jusques au nombre de dix jeunes chirurgiens bien naiz, yssus de bons parens, de bonnes moeurs et desjà advancez en la theoricque et praticque, qui en partye luy seroient donnez par nous et pour l'aultre partye seroient choisiz par luy Pineau, et seroient tous jugez par luy ydoines et cappables d'apprendre l'art et methode de bien, seurement et industrieusement tirer la pierre de la vessie, le tout pour la commodité publicque, et ce moiennant la somme de six mil livres tournois à luy donnée par Sa Majesté ainsy qu'il est au long mentionné par ledict contract. Et pour effectuer et satisffaire à icelluy a faict venir par devant nous Philbert Pineau, chirurgien juré à Paris, Jehan Philippes, chirurgien ordinaire du Roy, Jehan Pietre (⁵), bachellier en medecine et chirurgie, François Thevenin (⁶), Guillaume Gosselin, Louis

---

(¹) HERBIN (FRANÇOIS), notaire au Châtelet de Paris.

(²) FOURNYER (SYMON), notaire au Châtelet de Paris.

(³) LE NORMANT, notaire au Châtelet de Paris.

(⁴) MONHENAULT (LAURENT de), notaire au Châtelet de Paris.

(⁵) JEHAN PIETRE, dont il est ici question et dit plus loin « fils du maistre chirurgien SYMON PIETRE », est assez difficile à identifier. Le *Dictionnaire historique de la médecine* d'ÉLOY ne nous fait connaître que deux médecins des nom et prénom de Jean ou Jehan PIETRE, vivant au dix-septième siècle, et aucun d'eux n'est indiqué comme fils de SYMON PIETRE (de Paris), surnommé le *Grand*, lequel fut reçu docteur en 1586 et mourut en juin 1618, à l'âge de 53 ans.

Le premier JEAN PIETRE, le seul qui pourrait être le « bachellier en medecine et chirurgie », élève, en 1608, de Severin Pineau pour l'étude de « la taille du calcul », serait, d'après Éloy, « fils de NICOLAS PIETRE (de Paris), reçu docteur de la Faculté de médecine de sa ville natale, en 1598, et nommé Doyen de sa Compagnie en 1626, charge qui lui fut continuée en 1627, lequel, enfin, mourut l'Ancien de la Faculté, le 23 février 1649, à 78 ou 80 ans ». Or le susdit Jean Pietre, son fils, « prit le bonnet de Docteur en la Faculté de médecine de Paris l'an 1610, fut élu Doyen de cette Compagnie en 1628, continué en 1629 et mourut le 19 septembre 1632 », c'est-à-dire dix-sept ans avant son père.

L'autre Jehan ou Jean Pietre, qui, en 1608, ne pouvait être l'élève de Pineau, nous ne le citons ici que pour mémoire, car il ne fut reçu docteur de la Faculté de Médecine de Paris que vingt-six ans plus tard, soit en 1634. Il parvint au décanat de la Faculté en 1648. Ajoutons seulement qu'il était de la même famille que le précédent.

(⁶) FRANÇOIS THEVENIN, cité ici, est-il le même que le « chirurgien natif de Paris, grand oculiste pour son tems », selon Éloy, « et operateur ordinaire du Roy », qui

Imbault, Morice de Louye, Nicolas Saulget, Jacques de Saincte Beufve, Pierre Sixdeniers et Esme Lefebvre, tous escholliers en chirurgie nommez et choisiz tant par ladicte Ville que luy Pineau, lesquelz sont instruictz ou du moings ont bon commancement à la chirurgie universelle, tant theoricque que praticque. Lesquelz à ce presens se sont obligez et obligent par ces presentes de satisffaire entierement aux clauses et conditions, charges et subjections cy après declaréez, et de bailler bonne caultion :

« Premierement qu'ilz obeiront audict maistre Severin Pineau, en tout ce qui est necessaire pour ladicte instruction et aussy pour ce qui est necessaire pour le secours des mallades, soit de nuict ou de jour, aux champs ou à la ville et faulxbourgs, et ce par l'espace de deulx ans.

« Que n'entreprendront d'eulx mesmes de tirer la pierre à aulcun mallade, ny de traicter ny inciser ou cauteriser de la hergne, devant lesdictz deulx ans, sans l'assistance ou approbation dudict Pineau.

« Qu'ilz se feront passer maistres chirurgiens à Paris pour y demourer ou aux faulxbourgs, tant qu'ilz auront commodité d'y vivre, et ne pourront aller demourer ailleurs, sinon avec le congé desdictz sieurs Prevost des Marchans et Eschevins de ladicte Ville.

« Après qu'ilz seront maistres receuz, ilz instruiront des jeunes hommes et les prendront comme disciples et apprentilz aux conditions que dessuz, affin que ladicte ville de Paris ne demoure desgarnie de bons maistres audict art de tirer la pierre et bien penser les mallades.

« Et qu'ilz secoureront (*sic*) charitablement les pauvres aussy soigneusement que les riches, et les estrangers que les habitans.

« Nous avons donné acte audict sieur Pineau de la presentation qu'il a faicte desdictz jeunes hommes cy dessus nommez que nous avons eu pour agreable, lesquelz se sont obligez de satisffaire aux conditions cy devant speciffiées, et suivant ce, ordonnons à icelluy Pineau de commancer leur instruction et satisffaire par luy entierement au contenu dudict contract, et d'en certiffier le Bureau de la Ville dedans ledict tems de deulx ans. Et seront tenuz lesdictz jeunes hommes bailler caultions de satisffaire ausdictes conditions.

« Faict les jour et an que dessuz et ont signé en la minutte des presentes. »

Le vingt septiesme jour de Janvier mil six cens neuf, est venu au Bureau ledict Pierre Sixdeniers cy devant nommé, lequel a presenté pour caultion Pierre Luillier ([1]), imprimeur et libraire ordinaire du Roy, demourant devant le college de la Marche ([2]), lequel à ce present a pleigé et caultionné ledict Sixdeniers pour les conditions, charges et subjections cy devant transcriptes.

---

mourut le 25 novembre 1656 selon les uns, en 1657 ou en 1658 selon d'autres? On sait, en tous cas que celui-ci a laissé un *Traité des operations*, un autre *des tumeurs contre nature*, et un *Dictionnaire etymologique des mots grecs servans à la Médecine et à la Chirurgie* ».

([1]) M. *Léon le Grand* nous apprend que PIERRE LUILLIER ou « LHUILIER, né le 1er septembre 1556, fils d'autre Pierre Luillier et de Marie de Roigny, petit-fils de Josse Bade, appartenait à une famille importante de libraires-imprimeurs, alliée aux Vascosan, aux Morel, aux Estienne. » (*Voir* PH. RENOUARD. — *Documents sur les imprimeurs-libraires*, etc., Paris, 1901, pages 7 et 176-179.)

([2]) Le collège de la Marche « estoit un des neuf où l'on tenoit Exercice des basses

Et a faict les submissions accoustumées, et ont lesdictz Luillier et Sixdeniers
signé en la minutte des presentes.

Le vingt neufviesme dudict moys de Janvier, ledict Esme Lefebvre a presenté pour caultion m^e Nicolas Faulconnier, greffier de la geolle du Petit
Chastellet, demourant rue Neufve Nostre Dame, lequel à ce present a pleigé et
caultionné ledict Lefebvre pour les conditions, charges et subjections cy
devant transcriptes. Et a faict les submissions accoustumées, et ont lesdictz
Faulconnier et Lefebvre signé en la minutte des presentes.

Est comparu ledict Guillaume Gosselin, lequel a présenté pour caultion
maistre Jehan de Renou (¹), docteur en medecine, demourant près l'eglise
Sainct Gervais, lequel à ce present a pleigé et caultionné ledict Gosselin pour
lesdictes conditions, charges et subjections cy devant. Et a faict les submissions accoustumées, et ont lesdictz de Renou et Gosselin [signé en la minutte
des presentes].

Le sixiesme Febvrier mil six cens neuf, ledict Loys Imbault est comparu,
qui a présenté pour caultion Denys de Cay, maistre appoticquaire et espicier
à Paris, demourant rue Sainct Martin, parroisse Sainct Laurent, à l'enseigne
de *la Cocquille*, lequel à ce present a pleigé et caultionné ledict Imbault pour
icelles conditions, charges et subjections. Et a faict les submissions accoustumées, et ont lesdictz de Cay et Imbault signé en la minutte des presentes.

Le neufviesme Mars mil six cens neuf, est comparu ledict Jehan Pietre, qui
a présenté pour caultion maistre Symon Pietre, maistre chirurgien à Paris,
son pere, demourant rue des Anglois près la place Maulbert, lequel à ce present
a pleigé et caultionné ledict Pietre, son filz, pour icelles conditions, charges
et subjections. Et a faict les submissions accoustumées, et ont lesdictz
Pietre signé en la minutte des presentes.

Le unzeiesme jour dudict moys de Mars mil six cens neuf, ledict Morice de
Louye a présenté pour caultion m^e Robert Le Secq, docteur regent de la
Faculté de medecine à Paris, demourant rue Saincte Avoye, parroisse Sainct
Medericq, lequel à ce present a pleigé et caultionné ledict de Louye pour
lesdictes conditions, charges et subjections. Et a faict les submissions accoustumées, et ont lesdictz Le Secq et Morice de Louye signé en la minutte des
presentes.

Est comparu ledict François Thevenin, lequel a présenté pour caultion
noble homme m^e Jehan Dujon, conseiller du Roy et tresorier de la cavallerie
legere, demourant à Paris rue de la Serizaye (²), lequel à ce present a pleigé et

---

Classes ». Il se trouvait rue de la Montagne-Sainte-Geneviève. (M. B****. —
Description nouvelle de ce qu'il y a de plus remarquable dans la ville de Paris. —
Tome II, page 5, Paris M. DC. LXXXV).

(¹) JEHAN DE RENOU « dit RENODŒUS estoit de Coutances en Normandie. » Il
étudia la Médecine dans les Écoles de la Faculté de Paris, où il prit le bonnet de
Docteur. (ÉLOY. — *Loc. cit.*, tome IV, page 54).

(²) *Rue de la Serizaie*, aujourd'hui *de la Cerisaie*, entre le boulevard Bourdon
et la rue du Petit-Musc, dans le quatrième arrondissement de Paris. «Vers l'an 1516,
François Ier vendit une grande partie des bâtiments et jardins de l'Hôtel royal
Saint-Paul, bâti par Charles V. Sur cet emplacement plusieurs rues furent percées,

caultionné ledict Thevenin pour lesdictes conditions, charges et subjections. Et a faict les submissions accoustumées, et ont lesdictz Dujon et Thevenin signé en la minutte des presentes.

Du premier jour de Septembre mil six cens neuf, est comparu ledict Jacques de Saincte Beufve, lequel a presenté pour caultion Mr Charles Le Prebstre, bourgeois de Paris, demourant rue Sainct André des Artz, parroisse Saint Severin, lequel à ce present a pleigé et caultionné le sieur de Saincte Beufve, pour lesdictes conditions, charges et subjections. Et a faict les submissions accoustumées. et ont lesdictz Le Prebstre et de Saincte Beufve signé en la minutte des presentes.

. Du samedy douziesme jour de Juin mil six cens dix.
« Ledict jour est venu au Bureau de la Ville m^e Severin Pyneau (¹), chirurgien ordinaire du Roy et son operateur ordinaire pour la pierre, professeur et docteur en chirurgie en l'Université de Paris, qui nous a remonstré que, suivant le contract faict et passé entre Sa Majesté et ladicte Ville, d'une part, et luy, d'aultre, le quatorzeiesme Aoust mil six cens huict, et aussy suivant l'acte par nous donné au Bureau de ladicte Ville le vingt deuxiesme Decembre oudict an mil six cens huict, il s'est entremiz à monstrer et enseigner l'art et methode de tirer la pierre de la vessie à Philbert Pyneau, son nepveu, Jehan Pietre, François Thevenin, Guillaume Gosselin, Loys Imbault, Morice de Louye, Jacques de Saincte Beufve, Pierre Sixdeniers et Edme Lefevre (²), nommez par icelluy acte pour ladicte instruction. Et au regard de Jehan Philippes et Nicolas Saulget aussy nommez par ledict acte, n'ont tenu compte depuis ledict tems de l'accoster et apprendre de luy ledict art, ainsy que les aultres, encores qu'il les en ayt requiz par plusieurs fois; au moien de quoy, en leur lieu et place, auroit dès lors repriz et instruict depuis ledict tems Philippes Thuilier, chirurgien, lequel il nous presentoit pour faire le dixiesme homme, comme il est tenu par ledict contract. Et nous peut dire et asseurer avec verité que, tant ledict Philbert Pyneau que la plus grande partye des aultres jeunes hommes cy dessuz nommez, par sa vigillance, sont tellement instruictz audict art qu'ilz font journellement des cures en sa presence et sont cappables de peupler cestedicte Ville pour servir le publicq en ladicte malladye de la pierre qui est de present fort frequente. Dont et de tout ce que dessuz il nous a bien voullu advertir et certiffier, ainsy qu'il est tenu par ledict acte, ad ce que à l'advenir il ne luy feust donné aulcun blasme ny reproche, aiant satisffaict à sondict contract. Et continuera à ladicte instruction jusques ad ce que tous lesdictz dix jeunes hommes soient fort bien appriz audict art de la chirurgie et praticque. Nous avons donné acte audict m^e Severin Pyneau de sadicte declaration et certiffication pour luy servir et valloir en tems et lieu ce que de raison et ordonné que ledict

---

et entre autres celle de la *Cerisaie*, qui le fut dans le jardin, sur une allée de cerisiers, dont elle porte le nom ». (J. DE LA TYNNA. — *Dictionnaire topographique, étymologique et historique des rues de Paris.* — Paris, 1812.)

(¹) Le mot PINEAU est écrit ici avec un *y* au lieu d'un *i* comme dans les documents qui précèdent.

(²) EDME LEFEBVRE au lieu de ESME, avec un *s*, et LEFEBVRE, avec un *b*, comme ces deux mots sont écrits plus haut.

Thuilier demourera du nombre desdictz jeunes hommes qu'il ést tenu instruire
et cy devant nommez, à la charge par luy de bailler caultion, ainsy que ont
faict lesdictz aultres, de satisffaire aux clauses et conditions, charges et subjections mentionnéez par ledict acte dudict vingt deuxiesme Decembre mil
six cens huict, dont luy a esté faict lecture. Et à l'instant ledict Thuilier a
presenté pour caultion maistre Claude Durand, recepveur de la Saincte Chap-
pelle de Paris, demourant dans l'encloz du Pallais, lequel à ce present a
pleigé et caultionné ledict Thuilier pour lesdictes clauses, conditions, charges
et subjections, et a faict les submissions accoustumées. Nous avons ladicte
caultion receue et la recepvons par ces presentes, et ont lesdictz Durand
et Thuilier signé en la minutte des presentes. »   .

M. E. AGASSE-LAFONT,

Chef de laboratoire à l'Hôpital Saint-Antoine (Paris),

ET

M. HEIM,

Professeur d'Hygiène industrielle au Conservatoire national des Arts-et-Métiers,
Agrégé à la Faculté de Médecine (Paris).

RÉACTIONS HÉMATIQUES DU BENZÉNISME PROFESSIONNEL.

547.22211 : 613.62 : 628.511

3 Août.

Les propriétés dissolvantes de la benzine vis-à-vis des graisses, du
caoutchouc, rendent son emploi courant dans diverses industries.

Ces industries, ainsi que celles de la fabrication et de la rectification de
la benzine, exposent les professionnels qui s'y adonnent à l'absorption
de la benzine.

Les vapeurs de benzine pénètrent facilement dans l'organisme par les
voies respiratoires; le contact prolongé de la benzine liquide avec les
téguments paraît entraîner son absorption certaine. L'action toxique
de la benzine s'exerce électivement sur le système nerveux central et
périphérique, sur l'endothélium vasculaire et les éléments figurés du sang.

Nous nous sommes proposé d'étudier, d'une manière approfondie,
l'intoxication professionnelle par la benzine au point de vue hématologique, de voir quelles indications on peut tirer de l'étude du sang, pour
diagnostiquer l'existence de l'intoxication, fût-elle plus ou moins latente,
et aussi son ancienneté et son degré.

Quelques auteurs ont déjà fait des constatations intéressantes à ce sujet. Santesson a communiqué (*XIIe Congrès intern. de Méd. de Moscou*, 1907) les observations de neuf ouvrières, chez qui il a constaté une tendance nette aux hémorragies et une anémie marquée.

Le Noir et *Claude* ont rapporté (*Soc. méd. des Hôpitaux de Paris*, 20 oct. 1897) un cas mortel de purpura chez un ouvrier travaillant depuis plusieurs années dans la benzine : malheureusement, ils ne purent faire qu'un examen de sang très incomplet, constatant seulement de la leucocytose et de l'anémie.

Vorendorff a signalé (*Munch Med. Wochensch.*, 5 février 1901) la présence de pigment inclus dans les leucocytes ou libre dans le sang. *Simonin* (*Soc. méd. des Hôpitaux*, 20 février 1903) étudie un cas d'intoxication aiguë par la benzine, et constate, avec des signes cliniques, assez semblables à ceux d'une rougeole (fièvre, catarrhes, éruption) des altérations du sang essentiellement caractérisées par une grosse éosinophilie passagère : 5 jours après l'intoxication, le nombre des éosinophiles était de 25 %, pour retomber bientôt à 3 et 2 %.

Audibert (*L'Éosinophilie*, Montpellier, 1903) ne signale, à propos de l'intoxication par la benzine, que la seule observation de *Simonin* que nous venons de résumer. Récemment enfin, *Langlois* et *Vesbonis* (*Journ. de Physiol. et de Pathol. gén.*, mars 1907) ont étudié l'action expérimentale de faibles quantités de vapeurs de benzol, respirées en milieu confiné, sur le sang des animaux ; ces auteurs ont constaté une polyglobulie qui monte à 30 % chez le cobaye et le pigeon, moins marquée chez le lapin et le chien, absente chez le chat. Cette polyglobulie est passagère, elle ne s'accompagne pas d'une augmentation aussi marquée de la quantité d'hémoglobine, enfin elle paraît due à une hématopoièse plus intense et non pas à la concentration du sang ; quant aux globules blancs, ils n'ont été étudiés que dans leur nombre global, que ces auteurs ont trouvé parfois légèrement diminué.

Notre étude a été faite dans des conditions assez différentes des précédentes. Il s'agit en effet d'observations cliniques sur l'homme et non plus d'expérimentation sur l'animal, d'intoxication chronique, et non d'accidents aigus, enfin de sujets bien portants, étudiés en série, et non pas de cas exceptionnels, analysés à cause de leur gravité. Aussi n'aurat-on pas à s'étonner que nos résultats, tout en répondant dans leur ensemble aux constatations des auteurs que nous avons cités, en diffèrent par certains points.

Les ouvriers que nous avons examinés étaient exposés aux vapeurs de benzine commerciale (mélange en proportions constantes de benzène, toluène et xylène) depuis un temps variable, les plus anciens depuis six ans, les plus nouveaux depuis seulement quelques mois. La plupart étaient occupés à leurs travaux habituels au moment même où nous avons fait nos examens. Quelques-uns au contraire avaient cessé depuis quelques semaines ou quelques mois, soit parce qu'ils présentaient des troubles, soit pour toute autre raison. Les ouvriers étaient tous dans la la force de l'âge, entre 28 et 48 ans. Nous avons étudié chez eux les globules rouges, la quantité d'hémoglobine, les globules blancs.

Contrairement à ce qu'on pourrait croire, vu la toxicité de la benzine, les *globules rouges* et l'hémoglobine ne sont pas touchés. Même
chez les sujets exposés depuis plusieurs années aux vapeurs de benzine,
et présentant des troubles nerveux caractérisés, le nombre des globules
rouges est resté normal; la moitié de ces sujets a un nombre égal ou
même légèrement supérieur à 5 millions; quant aux autres, l'abaissement au-dessous de ce chiffre est si minime, ne dépassant 4500000,
qu'on n'est pas autorisé à parler même d'une légère anémie. D'ailleurs,
ces globules présentent tous les caractères de forme, de volume, de coloration du sang normal. Nous n'avons pas, d'autre part, trouvé les éléments anormaux, globules rouges basophiles, granuleux ou nucléés,
que l'on rencontre dans une autre intoxication chronique, le saturnisme, même quand il n'est pas accompagné d'anémie.

L'*hémoglobine* est toujours en quantité sensiblement normale; le chiffre
le plus bas, constaté une seule fois, a été de 85 %. Ses variations légères
se sont toujours montrées sensiblement parallèles à celles des globules
rouges, de telle sorte que la valeur globulaire, dans tous les cas que nous
avons examinés, est égale ou presque à l'unité.

Si l'étude des *globules blancs* des ouvriers exposés à l'intoxication par
les vapeurs de benzine ne montre pas des modifications aussi profondes
que dans les autres intoxications professionnelles, du moins y trouve-t-on
une manifestation importante, l'éosinophilie. Signalons d'abord que le
nombre des globules blancs reste sensiblement normal, sans leucocytose,
ni leucopénie, puisque nous avons constaté comme chiffre le plus élevé
10000, et 5600 comme chiffre le plus bas.

La *formule leucocytaire*, de même, n'est pas dans son ensemble modifiée,
la proportion des polynucléaires aux mononucléaires, un peu variable de
l'un à l'autre, oscille dans les limites physiologiques. Parmi les vieux
ouvriers, certains paraîtraient avoir une tendance à la polynucléose et
d'autres à une légère mononucléose, et l'on trouverait de même chez les
tout nouveaux ouvriers les deux tendances opposées : aussi semble-t-il
en dernière analyse qu'il s'agit là de variations purement accidentelles
et que l'intoxication par la benzine n'y est pour rien.

Il n'en est pas de même de l'*éosinophilie*, qui se présente avec les caractères suivants. Elle est *à peu près constante* chez les ouvriers qui manient
la benzine au moment où l'examen est pratiqué, puisque nous la trouvons
dans plus de 80 % des cas. Elle est *précoce*, puisqu'elle existe déjà chez
ceux qui travaillent seulement depuis 6, 3 et même 2 mois. Elle paraît
momentanée, c'est-à-dire ne se montrant qu'au moment où l'ouvrier manie
la benzine et disparaissant quand il a cessé ce genre de travail depuis
plusieurs semaines. En effet, nous ne l'avons plus trouvée chez des ouvriers
occupés à d'autres travaux depuis 1 ou 2 mois. Or, bien que nous n'ayons
pas fait d'examen antérieur, il est probable, d'après les analogies, que la

plupart, sinon tous, ont présenté de l'éosinophilie quand ils étaient exposés aux vapeurs. Elle est *modérée*, puisque les chiffres que nous avons trouvés ont été dans les deux tiers des cas de 6 %. Elle paraît *stationnaire*, c'est-à-dire que la persistance de l'intoxication ne paraît pas l'augmenter. Ici encore il faudrait, pour une certitude absolue, avoir examiné le même ouvrier à des intervalles éloignés et avoir constaté toujours le même degré d'éosinophilie. Mais ce qui nous permet, sans avoir fait ces examens successifs, de considérer ce fait comme probable, c'est qu'en considérant les deux groupes d'ouvriers, anciens et nouveaux, nous trouvons à la fois, dans l'un et l'autre groupe, les chiffres les plus élevés et les plus bas. Elle est enfin sans rapport avec les manifestations cliniques, se montrant à la fois chez les individus qui présentent des troubles nerveux plus ou moins graves, et chez ceux dont l'état reste normal et l'imprégnation benzénique, cliniquement latente.

Nous concluerons de ces recherches que l'intoxication chronique par les vapeurs de benzine, même prolongée pendant plusieurs années, n'imprime au sang que des modifications légères et de peu de durée. Les globules rouges et la quantité d'hémoglobine ne sont pas touchés. La quantité de globules blancs et la formule leucocytaire restent normales, sauf une éosonophilie presque constante, précoce, modérée et stationnaire, qui n'est d'ailleurs que momentanée, de telle sorte que lorsque l'ouvrier est mis à l'abri de cette influence nocive, son sang revient en quelques semaines, et dans tous ses caractères, à l'état du sang normal.

Telles sont les conclusions essentiellement favorables à tirer de nos recherches pour le pronostic hématologique de l'imprégnation professionnelle par la benzine.

Que devons-nous en déduire au point de vue du diagnostic? L'éosinophilie, puisqu'elle est précoce et presque constante, semble être un bon signe d'imprégnation benzinique. Mais, malheureusement, c'est là une manifestation assez banale, et qui, par suite, ne permettrait pas d'affirmer un diagnostic incertain dans un cas particulier. Ce serait seulement dans le cas où l'on aurait affaire à un groupe d'individus, chez qui l'on penserait que l'intoxication est possible, mais non certaine, que l'on pourrait par la constatation d'une éosinophilie collective, affirmer que le danger existe et que l'intoxication se produit. D'ailleurs, comme nous avons vu que l'éosinophilie est stationnaire et sans rapport avec les signes cliniques, on ne pourrait diagnostiquer par elle ni l'ancienneté de l'intoxication ni son degré.

Des expériences en cours nous permettront sans doute de préciser à quel constitant chimique de la benzine commerciale (benzène, toluène, xylène) doit être rapportée la réaction hématique d'éosinophilie constatée. On peut espérer obtenir ainsi de précieuses indications touchant l'intérêt prophylactique de la substitution dans les usages industriels au benzène et xylène, considérés comme toxiques, du toluène dont la toxicité paraît nulle.

Nous groupons, à titre d'exemples documentaires, dans le Tableau ci-joint, les résultats fournis par l'examen hématologique de la population ouvrière d'un atelier à benzine.

SEXE, AGE.	DURÉE de l'exposition aux vapeurs de benzine.	CONSTATATIONS cliniques.	GLOBULES-ROUGES.					GLOBULES BLANCS.				
			NOMBRE.	FORME. Volume. Coloration.	ÉLÉMENTS anormaux.	HÉMO-GLOBINE.	VALEUR globulaire.	NOMBRE.	FORMULE LEUCOCYTAIRE.			
									Poly-neutro.	Poly-éosino.	Mono grands et moyens.	Lympho.
1. H. 32 ans.	6 ans. Cessation depuis 8 mois.	Caractère plus irritable. Affaiblissem^t léger.	4960000	Normaux.	0	95	0,96	7200	84	1	13	2
2. H. 44 ans.	3 ans et demi. Cessation depuis 8 mois.	Devenu tr. impressionnable. Troubles subjectifs oculaires.	5100000	Normaux.	0	98	0,97	10000	73	1	14	12
3. H. 40 ans.	5 ans.	Depuis, caract. emporté. Somnolence. Légère anorexie.	4800000	Normaux.	0	92	0,95	6400	60	6	26	8
4. H. 33 ans.	2 mois et demi.	Au début, qq. étourdissem^ts.	5000000	Normaux.	0	98	0,98	5600	73	4	18	5
5. H. 28 ans.	2 mois.	État normal.	4500000	Normaux.	0	85	0,94	7600	66	4	23	7
6. H. 29 ans.	5 mois.	État normal.	5100000	Normaux.	0	100	1	9000	57	6	26	11
7. H. 48 ans.	2 mois et demi.	État normal.	4900000	Normaux.	0	96	0,98	8000	68	1	26	5
8. H. 28 ans.	9 mois. Interruption récente de 3 mois.	Étourdissem^ts Légère anorexie	5200000	Normaux.	0	105	1,1	6750	63	2	29	6
9. H. 36 ans.	5 ans. Cessation depuis 1 mois.	Surexcitation nette.	5000000	Normaux.	0	100	1	6500	60	4	25	11
10. H. 38 ans.	3 ans. Interruption de 2 ans. Reprise depuis 1 mois.	État normal.	4850000	Normaux.	0	90	0,93	8000	63	4	30	3

M. Marcel NATIER

(Paris).

APROSEXIE NASALE ET GYMNASTIQUE RESPIRATOIRE.

616.21

3 *Août.*

I. Le professeur Guye donnait, en 1887, sa première relation d'une maladie qu'il avait découverte quelques années auparavant: Il lui recon-naissait trois caractères principaux : 1° difficulté à acquérir et à s'assi-miler de nouvelles notions, surtout quand elles sont plus ou moins abstraites; 2° difficulté à retenir ces notions, donc défaut de mémoire; 3° difficulté à fixer son attention sur un sujet déterminé (aprosexie proprement dite). De ce dernier symptôme fut même tirée la dénomina-tion *aprosexie* : προσέχειν τὸν νοῦν

Les phénomènes aprosexiques furent, dès le début, attribués par le regretté spécialiste d'Amsterdam à des troubles du côté du nez occasion-nant de la gêne respiratoire, et, en particulier, à la présence de végéta-tions adénoïdes. La compression vasculaire résultant de l'obstruction nasale s'opposerait au libre écoulement de la lymphe et du sang veineux: ainsi seraient retenus les déchets de l'échange chimique dans le cerveau, d'où inhibition cérébrale, c'est-à-dire aprosexie.

D'autres interprétations ont été produites. D'après Schutter le ralen-tissement de la circulation veineuse et lymphatique serait dû à la respi-ration superficielle occasionnée par l'obstruction nasale. Zarniko ne voit là qu'une forme particulière de neurasthénie provenant d'une respiration nasale défectueuse. S. Titeff considère qu'il s'agit d'une diminution ancienne de l'acuité auditive avec affaiblissement subséquent de la faculté d'é-couter. Enfin, pour W. Downie, on se trouverait en présence d'un fonc-tionnement imparfait des lobes antérieurs du cerveau provoqué par les troubles circulatoires que détermine la sténose nasale, laquelle rend la respiration trop superficielle.

Intéressé moi-même, depuis longtemps, par cette question, j'en abor-derai aujourd'hui l'étude en m'appuyant sur des documents tirés de ma propre pratique.

II. *Observation.* — Garçon de 8 ans et demi, né à terme, à Paris, d'un père très surmené et fort maigre et d'une mère ordinairement bien portante, mais quelque peu nerveuse.

A 3 mois : troubles dyspeptiques occasionnés par l'usage exclusif de lait stérilisé; ils cédèrent vite à l'alimentation au sein.

A 5 ans : altération du teint avec embarras marqué de la respiration. Ablation de végétations adénoides; légère amélioration immédiate de l'état général; mais fréquentes atteintes d'angines graves au cours des trois mois qui suivirent l'opération.

A 6 ans : scarlatine sérieuse.

25 *octobre* 1906. — *Etat actuel.* — Taille au-dessus de la moyenne. Physionomie éveillée, énergique. Face émaciée; teint bistré. — *Nez. Arrière-nez. Pharynx.* Aucune trace d'obstruction. — *Larynx.* Légère parésie des cordes vocales. — L'enfant mis à nu, on constatait : *Peau.* Terreuse, rude au toucher sèche et amincie. — *Cou.* Jaunâtre et amaigri. — *Thorax.* Aplati; déformé et rendu asymétrique par arrêt de développement du côté droit. Scoliose cervico-dorsale. — *Membres.* Grêles; moins développés à droite qu'à gauche.

Appareil digestif. — Capricieux inégal. Embarras gastriques fréquents. Constipation opiniâtre. — *Appareil respiratoire.* — Respiration très insuffisante; silencieuse aux sommets.

États intellectuel et mental. — Note remise par le père, le 16 janvier 1910.

« Quand je vous confiai mon fils, il venait de terminer sa classe de huitième au collège. D'une intelligence en apparence vive, dans les actes ordinaires de son existence, raisonnant bien, *il paraissait incapable de la plus légère tension d'esprit ou de tout effort d'attention.* Lui apprendre à lire avait exigé deux années; et à peine y réussissait-il à 7 ans. Son orthographe était de pure fantaisie; les règles élémentaires de la grammaire qu'il connaissait bien n'étaient pas appliquées; et les fautes grossières qui lui étaient signalées le rendaient confus un instant, sauf à être renouvelées quelques minutes après. Au moment d'entrer en hutième, l'enfant revenait de la Suisse, où il avait passé deux mois, pâle et amaigri. Il se comporta passablement toute l'année de sa huitième; mais, à la fin, il paraissait las et il était grand temps que cessâssent les occupations scolaires. Quinze jours passés à Trouville aggravèrent sensiblement la fatigue dont il ne se remit pas entièrement à la campagne où se terminèrent les vacances. Affligé de cette inertie intellectuelle, l'attribuant à une paresse et à une incurie dont l'enfant me semblait responsable, inquiet pour l'avenir, je faisais succéder les punitions aux réprimandes sans parvenir à un résultat plus satisfaisant. Son début dans la classe de septième fut si déplorable que je n'hésitai pas à le retirer au bout de trois semaines. Ce fut alors que je le remis entre vos mains. Tout travail intellectuel fut suspendu durant les quatre mois de traitement. L'année scolaire était fort avancée à la fin de la cure, et il ne fallait pas songer à utiliser les quelques mois qui restaient. Pendant les vacances, cependant, je lui fis faire quelques exercices. Une première dictée, d'une dizaine de lignes, contenait une trentaine de fautes; cela ne valait guère mieux que par le passé. Mais la seconde révéla déjà un progrès ; les genres et les nombres s'accordaient entre eux; à la troisième, les participes n'ignoraient plus entièrement leurs compléments, et, *au bout d'une quinzaine de jours*, les fautes se limitaient aux mots ignorés ou dont la mémoire n'avait pas retenu exactement la composition. A la rentrée d'octobre 1907, fut reprise la septième à peine entamée l'année précédente. Dès le début, l'élève se classa dans les premiers, et, sauf quelques inégalités au moment de l'été, conserva son rang. La sixième a été excellente, et actuellement, en cinquième, au lycée, l'enfant occupe sur trente-deux élèves, un des tout premiers rangs de la classe; sa dernière place a été celle de troisième en version latine. Ses notes sont bonnes; ses professeurs que j'ai vus le considèrent comme fort intelligent, raisonnant bien et réfléchissant. Ses devoirs sont corrects; ses exercices latins, thèmes et versions, qui sont surtout au début une œuvre d'observation, contiennent peu de fautes. C'est évidemment une attention qui résisterait difficilement à l'espièglerie d'un camarade. Ce n'en est pas moins un état intellectuel satisfaisant pour un enfant âgé de moins de 12 ans, rentré dans la normale tant au point de vue physique qu'au point de vue mental.

» Vous savez que je vous en ai une profonde reconnaissance. »

Traitement. — Exercices méthodiques de gymnastique respiratoire régulièrement poursuivis pendant 4 mois. Des photographies prises au début et à la fin de la cure, permettent, par comparaison, d'apprécier objectivement, les résultats de cette dernière.

Gains réalisés : 1° *Poids.* Augmentation : 4,810 kg. — 2° *Périmètre thoracique* Augmentation : 6 cm. — 3° *Taille.* Augmentation : 0,013 m.

La transformation complète portait sur tout l'organisme. Appétit régulier. Plus d'indigestions ; plus de constipation. Urines claires et abondantes. Teint plus frais. Peau blanche, rosée, douce au toucher, épaissie et bien tendue. Cou plus arrondi. Thorax redressé et développé. Respiration ample et régulière. Pour l'état mental et intellectuel ainsi que l'aprosexie elle-même, se reporter à la note du père. Développement physique : normal par la suite.

III. Ses antécédents autorisent à supposer chez mon malade une moindre résistance héréditaire. C'est peut-être la raison des troubles digestifs apparus dès le troisième mois et du mauvais état particulier de la santé vers la cinquième année. Quoi qu'il en fût, on se trouvait en présence de désordres accentués des appareils digestif et respiratoire, et cela malgré les précautions prises par des parents aussi soigneux qu'intelligents.

Les altérations respiratoires, trop souvent négligées à mon sens, retiendront surtout notre attention. Elles serviront de substratum à la théorie personnelle de l'aprosexie que je vais maintenant tenter d'esquisser. Impossible, dans le cas décrit, de révoquer en doute l'existence de cette affection. Elle ne pouvait, toutefois, être imputée à la présence de végétations adénoïdes. A l'époque où celles-ci furent enlevés, la mémoire et l'attention de l'enfant évoluaient normalement : plus tard seulement elles commencèrent à s'émousser pour en arriver à l'obnubilation complète. En somme : contradiction absolue avec les faits ordinaires où l'intervention est suivie, presque immédiatement, de la disparition des symptômes aprosexiques. Pareil désaccord est-il réel ou simplement apparent ? Voilà qui nous amène à la critique des théories énoncées.

Un trait commun les caractérise : l'importance accordée, en définitive, aux altérations du nez dans la production de l'aprosexie. Aussi bien ne m'attacherai-je qu'à l'examen des idées de Guye. Ses remarques sont justes dans leur ensemble : mais je ne saurais pour ma part, souscrire à l'explication qu'il donne de l'affection. Médecin très érudit, il a eu tort, dans cette circonstance, de se laisser trop dominer par le spécialiste éminent qui était en lui et à la grande habileté duquel tous s'accordaient à rendre hommage. L'influence étiologique des troubles du nez mérite d'être ramenée à ses justes proportions ; elle est, dans la réalité, purement restreinte et relative, et non prépondérante et absolue. La preuve ? Beaucoup d'individus, fortement gênés du nez, ne présentent pas de symptômes aprosexiques, alors que, d'un autre côté, ces derniers s'observent, au contraire, communément chez des personnes dont la perméabilité nasale est normale. En un mot, l'obstruction nasale n'est ni une condition nécessaire, ni une condition suffisante de l'aprosexie. Cette théorie de l'existence d'une aprosexie liée à des troubles respiratoires, mais indépendanté de toute altération nasale, est très bien illustrée par l'observation servant de prétexte et aussi de thème à la présente étude. Isolé, cet exemple ne saurait certes suffire à infirmer l'opinion de Guye. Si je l'ai choisi, c'est principalement à cause du luxe et de l'intérêt des détails qu'il comporte. Je pourrais signaler nombre de particularités du même genre empruntées à l'histoire d'autres malades ; je me bornerai à rapprocher de ce fait des constatations non moins curieuses relevées chez une de mes jeunes patientes.

En octobre 1905, j'enlevai des végétations adénoïdes à une fillette de 9 ans dont la respiration nasale était très embarrassée, mais qui ne présentait aucune trace d'aprosexie. Dès cette époque, j'insistai, en vain, sur l'urgence d'exercices respiratoires dans le but d'atténuer la misère physiologique à laquelle cette enfant avait toujours été en proie.

En février 1098, l'état était plus déplorable encore, et la mère venait me demander d'opérer à nouveau sa fille pour ce qu'elle estimait être une récidive de végétations. L'examen objectif entièrement négatif, m'interdit d'accéder à ce désir. Exercices respiratoires une fois de plus différés sur le conseil de la maîtresse de pension qui déclara que : s'il fallait s'inquiéter d'enfants ayant pareille mine, combien d'autres auraient beaucoup plus besoin que celle-ci d'être soignés ». Cependant, vers la fin de 1907, la fillette élève fort intelligente, appliquée, ayant jusque là donné entière satisfaction à ses parents et à ses maîtresses se transformait complètement. En classe : les notes étaient moins bonnes ; travail accompli avec plus de lenteur et de difficulté ; affaiblissement continu de la mémoire. Caractère apathique, démarche traînante et molle. Au matin : lassitude extrême et répugnance insurmontable à quitter le lit. La famille redoutant une paresse incurable concevait de cette situation une légitime et très vive inquiétude.

La gymnastique respiratoire, enfin acceptée, faisait bientôt rentrer tout dans l'ordre et encore ici les photographies attestent bien les résultats positifs de ce mode thérapeutique. Un an plus tard, à l'occasion d'une visite qu'elle me rendait, la mère satisfaite s'exprimait en ces termes : « A l'école, le travail régulier ne détermine aucune fatigue. L'esprit a retrouvé sa lucidité et la mémoire sa vivacité et sa fidélité. Les notes sont excellentes et les efforts pour rattraper le temps perdu couronnés d'un plein succès. «

Ces faits établissent indiscutablement deux points principaux : 1° des végétations adénoïdes et une gêne marquée de la respiration nasale peuvent coexister chez le même individu, sans trace d'aprosexie concomitante ; — 2° ces végétations enlevées et la perméabilité nasale bien assurée, il arrive parfois qu'après de longs mois, des années même, on voie, au contraire, se manifester tous les symptômes de l'aprosexie. Qu'est-ce à dire ? Sous l'influence de troubles respiratoires anciens et prononcés, le nez obstrué ou non, des altérations graves se sont produites et progressivement étendues à des départements divers de l'économie. D'où cette origine commune à tous les désordres : hématose insuffisante. Après une cure de pareils exercices, l'appareil respiratoire récupère son activité naturelle et les autres systèmes fonctionnent de façon plus harmonieuse. La circulation est régularisée et l'équilibre reconquis et maintenu des glandes à sécrétion interne et externe, garantit et assure le jeu normal des éliminations. Ainsi est améliorée la nutrition générale; et tout naturellement participe au bénéfice commun le cerveau dont chaque jour les opérations deviennent plus aisées, plus précises et plus brillantes.

Les considérations qui précèdent comportent des conséquences pratiques; arrêtons-nous-y. L'évolution physique et intellectuelle des enfants susceptibles d'être entachés originellement devra, au cours des premières années de l'existence, faire, de la part des parents et des médecins, l'objet d'une attention toute spéciale. Un peu plus tard, les maîtres s'associeront à cette sollicitude et s'inquiéteront toujours d'un arrêt dans le progrès régulier de leurs élèves. La paresse, elle-même, a ses raisons : elles sont souvent d'ordre pathologique. Il faut savoir se le rappeler, sinon on s'exposerait à fausser gravement beaucoup d'organismes en formation.

Il m'est arrivé, maintes fois, d'examiner des enfants dont tous se plaignaient : ils étaient, dans la réalité, le plus souvent épuisés. Soignés régulièrement, ces malades ont toujours guéri. Mais, hélas ! on n'a, fréquemment, voulu tenir aucun compte de mes avis, sous prétexte que la cure nécessiterait une trop grande assiduité avec interruption prolongée des études ou de tout autre travail. Alors on exprimait nettement ses préférences pour les « moyens vraiment pratiques ». On insistait pour « une bonne opération qui vous débarrasse en une fois » et l'on s'étonnait de me voir refuser de l'entreprendre. Restait toujours, en désespoir de cause, le recours aux « toniques », « fortifiants » et « reconstituants » divers, autrement « commodes » et dont l'usage peut être indéfiniment continué. Nul n'ignore, en outre, que les nombreuses panacées dont fourmille l'arsenal pharmaceutique n'hésitent pas à promettre une guérison certaine à tous les maux. Tout au plus pourrait-on éprouver un peu de gêne dans leur choix, car s'il faut en croire les révélations faites au cours d'un procès récent, on compterait, rien qu'à Paris, pas moins de quarante mille « spécialités ». Or, on ne doit pas se le dissimuler, quantité d'enfants, mal dirigés, marchent tout droit à la faillite. Celle-ci se produira plus ou moins vite, mais presque à coup sûr. A l'heure actuelle, tout le monde, nations et individus, succombe sous le poids de charges excessives; les enfants sont écrasés par des programmes trop touffus; chacun s'afflige de cet état de choses, quelques-uns prennent l'initiative de l'améliorer, mais personne ne veut les écouter. Pourtant, que de bien à faire, si l'on cherchait à être un peu logique et à ne pas croire toutes les promesses même les plus absurdes, pourvu qu'elles s'accordent avec nos désirs.

Résumant cette étude je dirai : L'aprosexie existe réellement; la définition qu'en a donné Guye, la symptomatologie qu'il lui a reconnu sont tout à fait exactes. L'affection est occasionnée non pas par de l'obstruction nasale, mais bien par des troubles profonds de l'appareil respiratoire se traduisant par une hématose insuffisante avec ses conséquences fâcheuses sur l'économie entière. La suppression des végétations adénoïdes ne saurait à elle seule suffire à rétablir l'équilibre respiratoire détruit ([1]). Des exercices spéciaux sont ensuite nécessaires sur l'importance desquels j'ai, depuis longtemps ([2]) attiré l'attention. La gymnastique respiratoire est, en effet, d'une efficacité indiscutable dans les cas analogues à ceux mentionnés ici : bien plus, c'est le seul procédé logique de traitement. D'où la nécessité d'y recourir pour assurer toute chance de succès. La plupart des parents, beaucoup de maîtres, et aussi nombre de médecins, devront se pénétrer bien de ces vérités; ainsi pourront-ils rendre aux enfants dont ils auront la direction, de signalés services. Ce sera, en particulier, un excellent moyen non seulement de prévenir l'aprosexie, mais encore d'en arrêter les manifestations.

M. F. BEZANÇON,

Professeur-Agrégé, Médecin de l'Hôpital Tenon,

ET

M. M.-P. WEIL,

Interne des Hôpitaux (Paris).

ÉTUDE CLINIQUE DE CLASSIFICATION DES HÉMOPTYSIES TUBERCULEUSES.

616-243-995

3 Août.

Il est classique de classer et de décrire les hémoptysies tuberculeuses suivant la période de la maladie à laquelle elles se produisent et de distin-

---

([1]) Faux adénoïdisme par insuffisance respiratoire chez les névropathes. Troubles de la voix parlée et chantée. Considérations générales sur la valeur respective, au point de vue thérapeutique, des procédés médicaux ou chirurgicaux et des exercices physiologiques, 32 pages avec 4 figures (*La Parole*, n° 6, juin 1901).

([2]) Fausses récidives de végétations adénoïdes. Inefficacité complète de trois interventions successives chez le même enfant. Origine et traitement respiratoires; 31 p. avec 11 figures (*Ibid*, n° 10, octobre 1902).

guer les hémoptysies du début, de la maladie confirmée, et de la période terminale. Or, cette division classique des hémoptysies est tout à fait erronée comme l'est la classification des trois périodes de la tuberculose sur laquelle elle repose. C'est là un fait sur lequel a déjà insisté l'un de nous avec M. J. de Jong dans une étude sur les formes cliniques, des hémoptysies tuberculeuses.

Dans ce travail, nous montrons que l'hémoptysie n'est pas un symptôme banal de la tuberculose pulmonaire mais que rare chez l'enfant et dans la tuberculose expérimentale elle est surtout l'apanage des formes chroniques, enfin nous insistons sur ce fait que parmi les hémoptysies à répétition, il faut soigneusement distinguer les hémoptysies survenant à étapes éloignées et les hémoptysies répétées, presque sans intervalles, des foyers congestifs.

Dans le précédent travail, nous avons cherché à serrer de plus près le problème pathogénique des hémoptysies, et a voir si notre conception récente de la tuberculose pulmonaire, maladie chronique, évoluant par poussées aiguës, proposée par l'un de nous avec H. de Serbonnes, n'éclairant pas le mécanisme intime de la production des hémoptysies.

Un fait nous semble devoir dominer l'étude et la classification des hémoptysies tuberculeuses : certaines de ces hémoptysies apparaissent au milieu de symptômes physiques, fonctionnels, et généraux qui sont ceux d'une poussée évolutive de tuberculose pulmonaire : ce sont *les hémoptysies par poussées*; d'autres, au contraire, surviennent sans être accompagnées de ce cortège symptômatique. Là, l'hémoptysie n'est qu'un accident plus ou moins apparent, mais toùjours contingent, survenu au cours d'un épisode aigu de la tuberculose chronique; ici au contraire, c'est à l'hémoptysie que se borne tout l'incident morbide. Là, l'hémoptysie est annoncée par une longue période préparatoire d'imprégnation tuberculeuse, la *période pré-hémoptoïque*; elle est suivie d'une défervescence plus ou moins longue et pénible; ici au contraire, l'hémoptysie survient brusquement, n'étant annoncée par rien, ni suivie d'aucun symptôme, si toutefois aucune complication ne survient.

Ces deux variétés d'hémoptysies peuvent apparaître à un moment quelconque de l'évolution bacillaire, soit comme première manifestation d'une tuberculose jusque là latente, soit comme accident plus ou moins tardif d'une tuberculose plus ou moins avancée. Ces hémoptysies peuvent ou non se répéter; mais cette répétition n'est pas la règle pour les hémoptysies par poussée; elle l'est au contraire pour celles qui ne sont pas liées au processus évolutif de la poussée tuberculeuse.

I. *Hémoptysie par poussée.* — Bien que l'hémoptysie par poussée puisse survenir à tout moment de l'évolution bacillaire, c'est surtout, lorsqu'elle apparaît comme premier accident d'une tuberculose jusque là latente, qu'elle revêt sa symptômatologie la plus nette; cette symptômatologie ne se trouve pas compliquée en effet de symptômes fonctionnels et généraux ou de signes physiques tenant à des accidents tuberculeux antérieurs à cette poussée hémoptoïque même.

L'hémoptysie par poussée est précédée par une période préparatoire, la *période pré-hémoptoïque*, caractérisée par l'apparition de symptômes fonctionnels et généraux d'imprégnation tuberculeuse : ceux que nous avons le plus fréquemment rencontré sont la toux, la perte des forces, l'amaigrissement l'inappétence, le point de côté. Souvent ces symptômes n'ont pas une intensité suffisante pour forcer le malade à interrompre son travail; ils ne sont alors rappelés qu'à l'occasion de l'hémoptysie; dans quelques cas cependant, ils ont une intensité assez grande pour que le malade, poussé par eux, vienne consulter le médecin. La température monte peu à peu pendant cette période. Sa durée ordinaire est de deux à trois semaines, mais nous l'avons vue varier de quelques jours à quatre, six semaines, ou même plus dans certains cas.

Après cette longue période préparatoire, l'hémoptysie apparaît enfin. Elle peut être constituée par du sang rouge abondamment rendu, ou par quelques rares crachats simplement teintés, mais uniformément teintés par le sang. A la suite d'une hémoptysie constituée par du sang rutilant, peuvent être rendus des crachats visqueux, adhérents, d'une coloration rouge sombre, parfois vert amande. Ces aspects tiennent à un état particulier de l'hémoglobine qu'ils renferment; les crachats verts, assez caractéristiques dans leur aspect semblent manquer à la suite des hémoptysies non liées au processus évolutif de la poussée tuberculeuse.

Le malade à ce moment-là est fébricitant ([1]); mais si, selon nous, la fièvre est fréquente au cours des hémoptysies par poussée, son intensité y est extrêmement variable. Elle peut n'être que de 37°,7, 38° (température moyenne de la journée), elle peut atteindre 39°, 40°, ou même dépasser ce chiffre; et tous les intermédiaires peuvent s'observer entre ces extrêmes.

Fait essentiel, c'est au moment même où la température est à son acmé que l'hémoptysie survient : l'hémoptysie marque la terminaison de la phase d'augment de la température; le lendemain, le surlendemain au plus tard, la température commencera à baisser.

On peut dans certains cas, observer au moment où survient l'hémoptysie, une chute plus ou moins prononcée de la température, qui parfois est très marquée, qui généralement est passagère, très comparable à la chute thermique qui accompagne une hémorragie interne.

Plus ou moins rapidement, selon la gravité de la poussée hémoptoïque, la température s'abaissera. Dans les cas favorables, ce sera en quelques

---

([1]) Les anciens auteurs avaient à juste titre classé les hémoptysies en hémoptysies fébriles et non fébriles; les fébriles ressortant dans un grand nombre de cas aux hémoptysies par poussées, cette classification n'est pas tout à fait exacte, il y a des hémoptysies par poussées presque apyrétiques comme nous l'avons vu; enfin des hémoptysies fébriles peuvent se voir indépendamment de poussées.

jours, ou en peu de semaines qu'elle atteindra 37°; puis la courbe thermique passera au-dessous de la ligne de 37°, un stade hypothermique se dessinera nettement, et la température reviendra lentement à la normale. dans les cas graves, il faudra au malade plusieurs mois pour que la température revienne à l'apyrexie; souvent alors nous n'avons pas assisté au stade hypothermique, soit que celui-ci ait été trop retardé et que le malade ait quitté l'hôpital avant qu'il n'ait apparu, soit plutôt que ce stade manque, ce que nous croirions plus volontiers. L'hypothermie terminale acquerrait de ce chef une grosse valeur séméiologique.

La présence de bacilles tuberculeux dans le sang rendu au cours d'une hémoptysie par poussée est la règle selon nous. Elle est très fréquente lorsque le sang est rendu abondamment (on fera porter de préférence l'examen sur les crachats post-hémoptoïques, on pratiquera au besoin l'inoculation de cobayes) sur quinze malades atteints de ce type d'hémoptysie, nous n'avons vu les bacilles manquer dans les crachats post-hémoptoïques que deux fois. Nous devons même faire une réserve pour l'un de nos deux cas négatifs où les examens furent répétés, il est vrai, mais où, pour des raisons indépendantes de notre volonté, il ne fut pas pratiqué d'inoculation au cobaye. Cette présence du bacille tuberculeux dans les crachats hémoptoïques nous paraît être la règle absolue lorsque l'hémoptysie se borne à quelques crachats simplement teintés par le sang; dans ces crachats les bacilles sont généralement nombreux; dans un cas cependant, nous n'avons pu les déceler que par l'inoculation au cobaye. Étant donné que cette hémoptysie minime est souvent la première manifestation apparente d'une tuberculose jusque là latente, étant donné d'autre part, la fréquente difficulté du diagnostic précoce de la tuberculose pulmonaire, il nous semble que ce doit être une règle absolue que de soumettre à un examen bactériologique tout crachat hémoptoïque même rendu par un individu d'apparence robuste.

Ces bacilles sont en général courts et homogènes; l'impossibilité dans laquelle nous nous trouvons dans l'état actuel de la science, d'attacher une valeur séméiologique précise au plus ou moins de longueur des bacilles et à la présence de granulations de leurs protoplasmes, enlève à cette constatation beaucoup de valeur. Mais d'autres variétés morphologiques peuvent se rencontrer.

Très fréquemment, ces bacilles sont réunis en amas plus ou moins importants; c'est là une constatation intéressante, car de tels aspects ont été signalés au cours des tuberculoses aiguës.

Ultérieurement, les bacilles de Koch pourront disparaître de l'expectoration, qui se tarira, souvent rapidement dans les cas favorables; dans certains cas nous n'avons trouvé de bacilles qu'un seul jour dans le crachat hémoptoïque.

Les crachats hémoptoïques peuvent renfermer, d'autre part, de nombreux microbes non spécifiques (pneumocoques, streptocoques, staphylocoques, tétragènes, etc. ...); certains auteurs récemment ont cru pouvoir soutenir une théorie pneumococcique de l'hémoptysie tuberculeuse (MM. Flick, Ravenel et Irvin; M. Joseph Walsch). Nous ne croyons pas que cette conception repose sur des faits bien solidement établis; nous en ferons la critique dans une étude ultérieure. La pullulation de ces saprophytes, très variable d'intensité, souvent très minime d'ailleurs nous paraît être un phénomène de culture secondaire, soit précoce, dans le sang et les mucosités épanchés dans l'alvéole pulmonaire, ou le long des parois de l'arbre trachéo-bronchique, soit tardif, dans le crachoir même.

Au point de vue histo-chimique et cytologique, les crachats hémoptoïques rendus au cours d'une hémoptysie par poussée sont caractérisés moins par la présence relativement peu fréquente de minimes gouttelettes séro-albumineuses, que par une augmentation considérable du nombre des cellules pulmonaires, qui se présentent soit sous le type lymphocytaire, soit sous le type macrophagique. Leur nombre est tel qu'il surpasse celui des polynucléaires très fréquents dans le crachat de tuberculeux; ce n'est que lorsqu'une réaction bronchique importante, déterminée par le passage du sang, provoque une exsudation de nombreux polynucléaires (qui se distinguent des polynucléaires provenant du foyer inflammatoire du poumon par leurs aspects morphologiques normaux, non altérés) que le nombre des polynucléaires prime celui des cellules pulmonaires.

Il est également fréquent d'observer, dans les crachats pré et posthémoptoïques, un nombre abondant de globules rouges, alors que, macroscopiquement, rien ne permettait de prévoir qu'il en était ainsi. Ces crachats *histologiquement hémorragiques* ont été rencontrés par nous dans un grand nombre de poussées tuberculeuses, qualifiées de non-hémoptoïques, au sens classique du mot. Mais si l'on veut bien accorder au terme d'hémoptysie toute sa force étymologique, et si l'on veut bien désigner par lui, aussi bien les rejets de sang abondant, et macroscopiquement décelables, que les éliminations d'un certain nombre d'hématies microscopiquement constatables seulement, l'hémoptysie n'apparaît plus comme un accident relativement rare de la poussée tuberculeuse, mais comme une de ses conséquences les plus fréquentes.

La formule sanguine de l'hémoptysie par poussée est celle même de la poussée tuberculeuse. Le malade a, lors de son hémoptysie, une leucocytose de 8000 à 12000 en général, qui parfois s'exagère dans les jours suivants sous forme de véritables poussées toutes passagères d'ailleurs au cours desquelles le taux des globules blancs monte jusqu'à 14000, 16000; la leucocytose s'abaisse ensuite parfois assez brusquement, et la leucopénie terminale apparaît. La courbe des polynucléaires est beaucoup plus régulière dans son allure générale que celle de la leucocytose: lors de l'hémoptysie, le malade a environ 75 à 80 °/o de polynucléaires neutrophiles; ce chiffre s'abaisse progressivement à mesure que la poussée hémoptoïque s'améliore; quant au taux des éosinophiles très réduit du début, (0,2 °/o), il s'élève peu à peu, et une éosinophilie de 3, 4, 7 °/o se dessine lors de la fin de la poussée. Ainsi donc le malade passe successivement par les deux stades de leucocytose et de polynucléose d'une part, de leucopénie, de mononucléose et d'éosinophilie, qu'a décrite l'un de nous au cours de la poussée tuberculeuse non hémotoïque (MM. F. Bezançon, I. de Jong, de Serbonnes). L'intérêt prépondérant de cette étude hématologique tient à ce que souvent la courbe sanguine précède dans ses modifications la courbe thermique, annonçant ainsi la défervescence alors que le malade est encore fébricitant, ou permettant au contraire de rapporter un abaissement thermique plutôt à des circonstances contingentes et fortuites qu'à une amélioration de l'état général. Nous doublions toujours, chez nos malades, la courbe thermique par la courbe hématologique et de celle-ci nous tirions en général, des enseignements plus précieux encore que de celle-là.

La sécrétion urinaire lors de l'hémoptysie, est diminuée; il y a en même temps rétention chlorurée. Lors de la défervescence, au contraire, la courbe de l'élimination urinaire et le taux des éliminations chlorurées s'élèvent progressivement, dépassant la normale, décrivant ainsi une véritable crise, qui, pour ce qui a trait aux chlorures, est, ainsi que l'a très bien vu Claret, une décharge prolongée, « chronique comme la maladie qui l'a produite ».

Le poids de ces malades est également intéressant à suivre sur un tracé: tant que dure la période ascensionnelle de la poussée, le poids diminue; il augmente au contraire dès que la poussée tend à sa fin. L'intérêt et l'importance de l'étude de la courbe pondérale tient à ce fait que l'augmentation de poids est précoce; elle précède, souvent de longtemps, la chute thermique et semble coïncider avec la modification de la formule sanguine; le taux des éosinophiles semble cependant augmenter avant que n'augmente encore le poids du malade.

La pression artérielle, au moment même où l'hémoptysie survient, est généralement augmentée. Cette hypertension relative peut évidemment être la cause occasionnelle de l'hémoptysie; mais nous ne croyons pas, contrairement à M. Barbary, qu'elle en soit la cause exclusive : l'hémoptysie ne serait sans doute pas survenue si le malade n'était pas alors en poussée. D'ailleurs, les hémoptysies minimes, uniquement caractérisées par quelques crachats hémoptoïques, ne nous ont pas semblé s'accompagner d'hypertension artérielle.

Aussitôt la période hémoptoïque terminée, la pression artérielle baisse brusquement de la quantité dont elle s'était élevée lors de l'hémoptysie; durant la période post-hémoptoïque, elle remontera lentement et progressivement, marquant ainsi l'amélioration lente et progressive de l'état général du malade.

L'auscultation de ces malades en période hémoptoïque révèle en quelques cas des bruits surajoutés aux lésions anciennes. Mais cette éventualité n'a pas la fréquence que lui assignent les auteurs classiques pour lesquels la *poussée congestive* est synonyme d'hémoptysie. Souvent aucun bruit ne peut se percevoir au niveau de ces sommets où l'auscultation ne révèle alors que des silences et des rudesses.

D'autres fois, au contraire, du fait même de l'hémoptysie se surajoutent des signes stéthoscopiques, qui sont ou éphémères, ou permanents.

Les bruits éphémères peuvent être quelques râles discrètement disséminés dans l'un ou dans les deux sommets; plus souvent il s'agit de râles de bronchite qui s'entendent dans toute la poitrine, avec parfois une prédominance au niveau des régions supérieures du poumon; quelquefois enfin, on décèle, ou vers la région de la pointe de l'omoplate, ou vers la région de la partie inférieure du poumon, moins souvent au sommet même du poumon, une zone de splénisation caractérisée par de la submatité, des râles sous-crépitants disposés en foyer, parfois même du souffle à caractère tubaire au milieu d'eux. Dans cinq de nos cas où l'hémoptysie se manifesta exclusivement par des crachats hémoptoïques, nous avons observé un tel foyer; jamais, au contraire, une hémoptysie abondante ne nous a permis de faire de telles constatations stéthoscopiques. Il est très vraisemblable qu'il s'agit dans ces cas, de la formation, autour de tubercules jeunes, nouvellement développés dans une portion jusque-là intacte du parenchyme pulmonaire, d'un foyer de splénisation éphémère, qui conditionnerait le type hémoptoïque de l'expectoration sanglante.

Les bruits surajoutés, que l'évolution ultérieure montrera non plus éphémères mais permanents, qui peuvent apparaître lors de l'hémoptysie, sont ceux qui traduisent classiquement l'ulcération, progressivement envahissante, du parenchyme pulmonaire. Dans ces cas, il s'agissait toujours de poussée hémoptoïque grave et prolongée.

La cuti-réaction à la tuberculine, enfin, est plus intense lorsque la poussée hémoptoïque touche à sa fin qu'au moment même où l'hémoptysie apparaît : à ce moment, la cuti-réaction est, sinon toujours minime, du moins toujours bien plus faible qu'elle ne le sera lorsque la poussée se sera terminée.

Ainsi donc, l'hémoptysie par poussée est caractérisée par ce fait que le crachement de sang est précédé, accompagné et suivi de tous les symptômes fonctionnels et généraux qui caractérisent la poussée évolutive de nature tuberculeuse, que l'un de nous (F. Bezançon) a individualisée. Diamétralement opposée dans sa symptomatologie est l'hémoptysie dont nous allons décrire l'histoire clinique.

II. *Hémoptysies non liées à une poussée évolutive de tuberculose pulmonaire.* — Cette hémoptysie peut survenir comme la première manifestation d'une tuberculose jusque-là latente ; elle peut n'apparaître qu'à une période plus ou moins tardive de son évolution.

Elle n'est pas précédée dans son apparition par les symptômes constitutifs de la *période pré-hémoptoïque*, si nets au contraire dans les hémoptysies par poussée; mais, à l'encontre de celles-ci, elle est déterminée par une cause immédiatement antérieure à son début, et dont le malade reconnaît bien l'importance : ce peut être un effort, une quinte de toux plus violente qu'à l'ordinaire, c'est souvent une perturbation atmosphérique, fréquemment un excès de boisson, parfois, une émotion; ces hémoptysies sont souvent déterminées dans leur apparition par une période menstruelle, par une injection de tuberculine, par un médicament tel que l'arsenic, la créosote; parfois, une cause d'apparence minime la conditionne, tel le fait de boire une tasse de café trop chaud, ou bien une application de compresses chaudes sur le thorax, ainsi que nous avons pu l'observer chez deux de nos malades.

Ces hémoptysies sont caractérisées d'autre part, par ce fait qu'elles sont, en général, des *hémoptysies à répétition*. Les hémoptysies par poussée peuvent se répéter, à vrai dire, plusieurs fois durant l'évolution d'une tuberculose pulmonaire ; comme les poussées évolutives elles-mêmes l'hémoptysie survenant à toutes les poussées ou bien seulement à quelques unes d'entre elles; il s'agit alors de cette tuberculose hémoptoïque à étapes éloignées, dont nous avons avec Billard essayé de fixer le type chronique après G. Sée, mais ce sont surtout les hémoptysies non liées au processus évolutif de la poussée qui se répètent avec une fréquence parfois extrême.

Ces malades, d'autre part, sont fréquemment des alcooliques; leur foie peut être gros; l'épreuve de la glycosurie alimentaire ou celle du bleu de méthylène peuvent révéler son insuffisance. Il nous a semblé que, dans quelques cas, leur sang présentait des troubles de la coagulation, celui des sujets atteints d'hémoptysie par poussée ne présentant ces troubles que lorsqu'ils sont arrivés à une période avancée de leur maladie. Un certain nombre de nos malades étaient non seulement des alcooliques, mais encore des paludéens.

Le sang rejeté au cours de ces hémoptysies est toujours selon les observations du moins, abondamment rendu; jamais ici nous n'avons observé, ni l'hémoptysie minime uniquement constituée par des crachats hémoptoïques, ni ces crachats visqueux, adhérents, et vert-olive, que nous avons décrits, à la suite de certaines hémoptysies par poussée.

La présence de bacilles de Koch nous semble, d'autre part, bien moins constante dans le sang que rejettent ces malades que dans celui qui est expulsé au cours d'une hémoptysie par poussée. Ainsi, si nous défalquons de nos observations, celles qui ont trait à des sujets dont les lésions pulmonaires sont ouvertes (cette dernière éventualité étant de beaucoup la plus fréquente), il nous reste cinq observations d'hémoptysies survenues en dehors de la poussée évolutive, chez des malades apparemment bien portants, qui ne présentaient, comme signes stéthoscopiques, que des rudesses et des silences. Or, un seul de ces cinq malades (un cas Guy), a présenté, à l'occasion de son hémoptysie, une expectoration bacillifère qui s'est tarie avec l'hémoptysie même.

D'autre part, au point de vue cytologique, les crachats hémoptoïques ne présentent pas ce nombre abondant et prépondérant de cellules pulmonaires qui sont rejetées lors de l'hémoptysie par poussée ; le nombre des polynucléaires reste toujours supérieur à celui des cellules pulmonaires.

L'hémoptysie qui survient en dehors du processus évolutif de la poussée ne s'accompagne d'aucune modification thermique : dans les cinq cas de lésions tuberculeuses fermées, auxquelles nous venons de faire allusion, la température est restée normale durant toute la durée de l'hémoptysie : et cependant, afin de pouvoir mieux dépister une perturbation éventuelle et passagère de la courbe thermique, la température était prise toutes les 4 heures.

Lorsque l'hémoptysie survient chez un tuberculeux, déjà fébricitant du fait d'une lésion pulmonaire avancée, elle ne s'accompagne pas non plus d'une augmentation de la température : la seule perturbation qu'on puisse observer est cette chute brusque et passagère de la courbe thermique, que nous avons signalée plus haut au cours de quelques cas d'hémoptysies par poussée; cette chute est comparable à celle qui survient au cours de toute hémorragie interne lorsqu'il y a fièvre.

Ni le tracé de la secrétion urinaire, ni le tracé de l'excrétion chlorurée, ni le tracé pondéral ne présentent de perturbations du fait de ces hémoptysies. Tous ces tracés se caractérisent essentiellement par leur uniformité rectiligne, et s'opposent donc nettement à ceux pris au cours d'une hémoptysie par poussée, qui sont non des lignes droites, mais des courbes.

Seul l'examen hématologique montre l'existence d'une légère perturbation lors de ces hémoptysies : on note alors, d'une façon constante dans nos observations, une leucocytose et une polynucléose, minimes d'ailleurs, et passagères surtout, qui n'ont ni l'intensité, ni la durée qu'ont ces réactions sanguines au cours des hémoptysies par poussée. Un cours stade de leucopénie et de mononucléose légères annoncent le retour à l'état normal.

Enfin, chez ces malades, nous n'avons jamais perçu, stéthoscopiquement parlant, les foyers de splénisation que nous avons vu apparaître parfois lors des hémoptysies par poussée. Mais, dans certains cas, il est permis d'entendre quelques râles sous-crépitants plus ou moins discrets à l'un ou à l'autre des deux sommets pulmonaires, et des râles de bronchite diffuse.

Ces hémoptysies qui surviennent en dehors du processus évolutif de la poussée tuberculeuse sont, en général, nous l'avons dit, des hémoptysies à répétition : or, tandis que les hémoptysies se répètent, la tuberculose pulmonaire peut évoluer. Mais ce qui est, selon nous, essentiel dans cette forme, c'est que l'évolution tuberculeuse et l'hémoptysie ne sont pas deux termes étroitement unis. Tandis que dans les hémoptysies par poussée, l'accident hémoptoïque est fonction de la tuberculose pulmonaire, ici, au contraire, hémoptysies et tuberculose évoluent chacune pour leur propre compte. Tandis que les hémoptysies se répètent, la tuberculose peut rester stationnaire; elle peut progresser lentement, elle peut évoluer sur le mode rapide, subaigu : tous les intermédiaires existent, nous en avons observé de multiples exemples entre ces différentes éventualités.

En somme, tandis que le malade atteint d'une hémoptysie par poussée est, en quelque sorte, frappé d'une affection aiguë, ainsi que le prouve toute sa symptomatologie, l'individu frappé d'hémoptysie survenant en dehors du processus évolutif de la poussée tuberculeuse, est en somme un chronique hémoptoïque. Il semble d'ailleurs que le malade en ait la sensation intime : le premier accepte le séjour au lit comme l'accepte un sujet atteint de pneumonie; le second ne s'y résout qu'avec difficulté, et si ses lésions tuberculeuses sont encore peu prononcées, si l'état général n'est pas mauvais, aussitôt l'hémoptysie terminée, souvent même avant qu'elle ne le soit complètement, le malade veut se lever et manger. La répétition des hémoptysies lui a d'ailleurs permis de remarquer que c'est souvent sans grand inconvénient qu'il le peut faire.

III. Les éléments de pronostic de ces deux variétés d'hémoptysies diffèrent autant que leur symptomatologie. Le pronostic de l'hémoptysie par poussée varie selon la gravité de cette poussée; le pronostic de l'hémoptysie qui n'est pas lié au processus évolutif de la poussée varie selon la forme que revêt la tuberculose pulmonaire, qui évolue pour son propre compte. D'une façon générale, on peut dire que ces hémoptysies-ci sont moins graves que celles-là; ce sont surtout les hémoptysies qui surviennent en dehors du processus évolutif de la poussée que semblent avoir eue en vue, dans leur description classique, Peter, G. Sée, Hanot.

Le traitement sera également variable dans les deux types d'hémoptysies que nous avons essayé d'individualiser, sauf toutefois au moment même du rejet du sang, où seront indiqués le repos, l'immobilité, la morphine, les vaso-constricteurs ou les vaso-dilatateurs (selon qu'il n'y a pas ou qu'il y a hypertension), et les agents qui modifient la coagulabilité du sang. Mais, l'hémoptysie finie, tandis que l'un, l'hémoptoïque par poussée, devra profiter du traitement général de la poussée tuberculeuse, l'autre, le malade atteint d'hémoptysies non liées au processus général de la poussée évolutive, pourra, au contraire, plus ou moins rapidement se lever et se nourrir : il devra être soigné moins comme un malade momentanément atteint d'un accident tuberculeux aigu, que comme un individu essentiellement frappé d'une tuberculose à marche chronique; le traitement devra être ici surtout prophylactique.

MM. CALOT et BERGUGNAT.

(Argelès-Gazost).

CONSIDÉRATIONS SUR LE TRAITEMENT ET LA GUÉRISON DE LA LUXATION CONGÉNITALE DE LA HANCHE.

6l7-l6-5l8

1er Août.

Nous avons cru intéressant, le Dr Calot et moi, de réunir sous vos yeux quelques enfants atteints de luxation congénitale de la hanche traités et guéris dans notre clinique orthopédique d'Argelès-Gazost. Je vais les faire marcher devant vous tout à l'heure. Leur démarche absolument correcte vous démontrera que dans tous ces cas, et nous aurions pu vous en présenter bien d'autres, la guérison fonctionnelle est complète, parce que la guérison anatomique est elle-même parfaite.

Ces enfants ont été opérés et traités soit par le Dr Calot soit par moi, selon la même méthode que je vais vous décrire en quelques mots : elle donne ces résultats remarquables chez les enfants jusqu'à 6 ans pour les luxations unilatérales, jusqu'à 4 ans pour les luxations doubles. Au delà, le traitement nécessite des manœuvres spéciales. La guérison est obtenue dans un laps de temps variant de 8 à 12 mois.

Voici notre manière d'opérer : l'enfant est anesthésié au chloroforme. La réduction est préparée par des mouvements et des tractions destinés à distendre la capsule, et surtout les muscles rétractés par suite de leur position vicieuse, en particulier, les adducteurs. Généralement, nous faisons céder les tendons de ces derniers à leur insertion supérieure jusqu'à ce que la cuisse puisse être amenée sans difficulté à l'abduction de 90°.

Ce résultat obtenu, nous opérons la réduction par l'un ou l'autre des procédés suivants : L'enfant couché sur le dos, la cuisse est portée en flexion à angle droit, on exerce une traction sur la cuisse en haut et en même temps on repousse avec les doigts la tête fémorale vers la cavité cotyloïde. En combinant cette pression à un mouvement de légère abduction on éprouve un ressaut qui indique que la réduction est faite. C'est ce premier procédé qui réussit chez les enfants très jeunes. Dans le second procédé, la cuisse est orientée d'une manière différente : l'enfant est couché sur le côté non opéré, la cuisse est placée en flexion à 90° en adduction très forte et en rotation interne et tirée dans cette position. Dès qu'on sent la tête fémorale fuir sous le pouce qui la presse, on ramène le membre en abduction et ce mouvement achève la réduction.

Dans le cas où il s'agit d'une luxation double, nous opérons les deux côtés dans la même séance.

La réduction obtenue, nous fixons le membre inférieur dans un grand appareil plâtré immobilisant le bassin, la cuisse la jambe et le pied dans la position suivante, formule de Calot : flexion de la cuisse 70° à 80°, abduction 70° à 80°, pas de rotation ; la jambe est fléchie modérément sur la cuisse, le pied à angle droit sur la jambe. Cet appareil est laissé en place deux mois et demi. Au bout de ce temps, on enlève l'appareil et on modifie la position de la jambe, avec ou sans chloroforme, suivant le cas ; par des manœuvres douces et continues, on diminue la flexion, l'abduction et l'on imprime au membre une rotation interne très forte, au moins 60°. Nous fixons le membre dans un second appareil plâtré dans la position suivante : 15° de flexion pour la cuisse, 30° d'abduction, 60° de rotation interne ; la jambe est étendue sur la cuisse, le pied toujours à angle droit sur la jambe. Cet appareil est laissé deux mois et demi également.

Ce second et dernier appareil enlevé, l'enfant reste couché deux à trois semaines pendant lesquelles le membre reprend son attitude à peu près normale. Nous mettons alors les enfants sur pied et nous leur apprenons à marcher, avec des bâtons d'abord et très vite sans aucun appui.

Pour la plupart des enfants le traitement actif se termine là. Ils sont surveillés par leurs parents qui les ramènent de temps en temps à la clinique pour faire vérifier leur état ; à chacune de ces visites, selon les réactions très particulières à chaque cas, on leur indique la conduite à tenir. Pour beaucoup, c'est-à-dire pour les plus jeunes de 2 à 3 ans, l'attitude normale du membre inférieur revient d'elle-même dans les 2 à 3 mois qui suivent l'enlèvement du dernier appareil sans aucun incident. L'irrégularité de la marche s'atténue peu à peu : cette boiterie spéciale que les petits opérés présentent pendant 5 ou 6 mois, mais qui ne ressemble en rien à la boiterie de la luxation, est due à l'insuffisance des muscles et disparaît dès que ceux-ci ont repris leur tonicité.

Chez les enfants plus âgés, de 3 à 5 ans, plusieurs éventualités peuvent se produire : tantôt les raideurs et les déviations de la dernière attitude, c'est-à-dire l'adbuction de la cuisse, l'ensellure lombaire provenant de la flexion, la rotation interne persistent quelque temps ; nous luttons contre cet état par les massages du membre, les mobilisations articulaires et nous corrigeons les attitudes par des poids, par des tractions, par des bandages tirant la jambe dans la rectitude et diminuant la rotation interne, appliqués la nuit et dans l'intervalle des exercices : deux ou trois mois de ce traitement et le résultat est atteint ; tantôt le membre devient mobile trop vite et parfois, ce qui est plus grave, il a de la tendance à prendre des attitudes vicieuses, de la rotation externe, de l'adduction qui ont pour effet de déplacer la tête fémorale et de l'orienter très mal dans sa cavité. Il faut suivre au doigt ces positions de la tête fémorale et encore ici, par des poids, par des tractions et par des bandages, fixer la jambe pendant le repos, dans l'attitude la plus propre à enfoncer la tête fémorale dans sa cavité ramenant la jambe, selon le cas, soit à la première position, soit à la seconde. Peu à peu, toutes ces fâcheuses tendances disparaissent, l'équilibre ligamenteux et musculaire se rétablit et les enfants arrivent à marcher correctement.

Telle est la méthode employée : elle est parfaitement réglée, sans aléa, conduisant toujours au résultat désiré, d'application facile, tellement simple que beaucoup de ces enfants restent chez eux pendant la durée du traitement, venant passer seulement huit jours à la clinique pour la première opération, huit jours pour le second appareil et deux semaines après l'enlèvement du plâtre. Ceci indique aussi combien elle est sûre.

L'efficacité du traitement est due :

1º Aux deux positions successives dans lesquelles nous fixons le membre inférieur, positions qui poussent de plus en plus la tête fémorale dans le cotyle.

2º A l'emploi de grands appareils plâtrés immobilisant le membre tout entier.

3º A la surveillance de l'attitude, pendant les quelques semaines qui suivent l'enlèvement du dernier appareil et la correction immédiate des attitudes vicieuses si elles se produisent.

M. LE Dᴿ A. CARTAZ.

Ancien Interne des Hôpitaux (Paris).

LE TRAC MÉDICAL.

---

61 (069) : 612.821.33

3 *Août.*

On chercherait en vain dans les dictionnaires anciens de langue française, l'étymologie et la signification du mot *trac*, telle qu'on l'entend aujourd'hui. Au mot trac, vous trouverez passage, diminutif de tracer, piste des bêtes, allure du cheval, du mulet (Littré), mais rien qui se rapporte au trouble émotionnel auquel on a appliqué ce nom.

Dans les dictionnaires récents, le Larousse par exemple, le sens dans lequel on prend le mot trac est indiqué :

« Populaire : peur, avoir le trac ».

Il serait difficile de dire par qui le mot a été inventé; une des plus anciennes indications se trouve dans ces vers de Monselet :

« ... Dieux! la horde grimaçante
» Des créanciers. Quel trac! Fuyons dans la soupente. »

Le trac n'est, dans bien des cas, que l'expression d'une timidité exagérée, mais il constitue dans d'autres un véritable état morbide. Il y a des degrés dans la timidité et dans l'état nerveux des sujets. Le trac présente de même des degrés divers : tantôt, simple timidité, appréhension légère, tantôt expression d'une émotion naturelle et difficile à vaincre, il représente parfois une véritable phobie dont les préoccupations professionnelles sont la cause originelle.

Notre confrère, le Dr Farez (¹) qui a eu l'occasion d'observer un grand nombre de sujets atteints de ce trouble nerveux admet trois formes :

1º la forme ordinaire, commune, banale (presque normale quand elle est peu intense, maladive seulement quand elle devient excessive); c'est le trac essentiel, primitif; il survient d'emblée dans des circonstances données à titre de phénomène émotionnel dans les paroxymes s'accompagnant de [désharmonie fonctionnelle, de déséquilibre mental, avec angoisse, troubles vasomoteurs ou sécrétoires, incapacité fonctionnelle.

2º le trac résultant de la diathèse de scrupule;

3º une troisième forme liée à une asynergie fonctionnelle des images mentales.

A mon avis, les deux premières variétés n'en font souvent qu'une; mais cette division permet la classification de quelques cas déterminés, surtout au point de vue du traitement. L'hypnotisme, qui donne d'excellents résultats dans les deux premières, ne réussira guère dans la troisième.

Sous une autre forme, le Dr Paul Hartenberg qui a consacré dans son ouvrage une chapitre fort intéressant au « trac au théâtre » distingue dans cette manifestation nerveuse plusieurs phases : une première, avant la représentation, caractérisée par l'appréhension de jouer. Cette émotion, dit-il, consiste en un mélange d'attente anxieuse et d'impatience, un état d'énervement, d'inquiétude, une hâte d'en finir, avec mauvaise humeur, irritabilité que Got comparait à l'état d'esprit de deux adversaires pendant les préparatifs du duel.

La seconde phase se produit en présence du public. Les impressions ressenties peuvent être, d'après M. Hartenberg, de trois degrés.

1º émotion simple, qui, est cet état de surexcitation, de tension nerveuse et d'impatience musculaire qui se produit à l'occasion de chaque événement sérieux de la vie.

2º le trac proprement dit, véritable accès de peur avec angoisse, oppression, palpitation, sueurs froides, vomissements, diarrhée, etc.

3º le grand trac, la terreur qui paralyse et anéantit.

C'est parmi les artistes musiciens, chanteurs et les orateurs qu'on a observé les exemples les plus nets et les plus frappants de cette manifestation nerveuse. Mais tous ceux qui ont à paraître en public, à parler devant un auditoire ou à assumer une responsabilité quelconque, peuvent

---

(¹) *Revue médicale,* 1908, p. 51.

en être affligés. Notez que cette responsabilité sera loin de répondre à l'intensité du trouble névropathique.

Comme le fait observer Bérillon, les préoccupations professionnelles jouent un rôle très frappant dans l'étiologie des manifestations psychiques de la neurasthénie. La phobie revêt un caractère essentiellement professionnel.

Aussi rencontre-t-on ces phénomènes de terreur émotionnelle dans un grand nombre de professions dites libérales. Les chanteurs, les acteurs, les artistes constituent la classe la plus nombreuse des gens sujets au trac. Mais l'avocat, le magistrat en fournissent eux aussi des exemples frappants. Paillet, au dire de Cléry, le jour d'une affaire importante, s'en allait au Palais rasant les murs en construction, dans l'espoir qu'un accident l'empêcherait de paraître à l'audience et d'y plaider. Chaix d'Est-Ange, Bethmont éprouvaient les mêmes appréhensions. Me Henri Robert, le brillant avocat de Cour d'assises, prétendait que, s'il avait à recommencer sa carrière, il ne se ferait pas avocat. Il y a des jours, confiait-i dans une interview, où je me dis en gagnant le Palais que l'accusé sera mort pendant la nuit, que le président, les juges seront tous malades, que je n'aurai pas à pénétrer dans la salle d'audience.

Si l'on veut se rendre un compte exact de cette manifestation psychique, j'engage à lire dans les *Souvenirs d'âge mûr* les pages charmantes qu'y a consacrées Sarcey. Lui-même, à ses débuts comme conférencier, a éprouvé ce trouble désagréable :

« Je parlais, raconte-il, tous les jeudis; avec quelle émotion je voyais revenir ce jour fatal. J'avais toute la semaine roulé dans ma tête cette malheureuse conférence et quand je touchais à l'heure de la produire devant, le public c'étaient des transes, des affres, dont je sens encore le frisson rien que d'y penser. . . .

Il ne me reste de cette affreuse maladie du trac qui m'avait jadis assiégé et paralysé qu'un petit nombre de symptômes dont je n'ai pu venir à bout que beaucoup plus tard et qui même à cette heure, après trente ans d'exercice, remontent encore, comme une vieille goutte, les jours de première..... J'ai su, par les confidences de mes collègues en conférence et de beaucoup d'artistes dramatiques que la plupart avaient connu ce même malaise. Je n'y sais point de remède.... »

On trouvera cité un peu partout le récit des souffrances morales éprouvées par les plus grands artistes au moment d'entrer en scène ou le jour d'une première sensationnelle. Notre collègue Cabanès a recueilli dans la *Chronique médicale* une foule de détails de ce genre qu'il serait oiseux de reproduire ici. Rien ne saurait du reste en donner une meilleure idée que ces notes de Sarcey à propos des conférences de la salle des Capucines. J'ai souvent causé avec lui de cette impression bizarre et il m'affirmait que ç'avait été pour lui, pendant longtemps, un des ennuis les plus pénibles de sa carrière si brillante. Il était cependant rompu avec l'habitude de parler, son public lui était des plus sympathiques, les sujets qu'il traitait, théâtre ou romans, des plus familiers; cela ne l'empêchait pas d'avoir le trac.

J'ai pu observer de près un de mes amis qui a été pris à la suite de causes diverses de troubles neurasthéniques caractérisés surtout par du trac préopératoire. Les troubles nerveux étaient devenus très prononcés; heureusement cette phobie professionnelle a cédé à la vie calme, au repos, à la cessation du surmenage qui en avait été la cause première. Voici la relation de cette observation :

Le sujet, connu de moi depuis l'enfance, est un médecin âgé d'environ 5o ans, de bonne santé, vigoureux, légèrement arthritique et d'une nature émotive : mais il n'a jamais été ce qu'on appelle *un nerveux*. Cependant, pendant les concours, il se souvient d'avoir éprouvé un peu les phénomènes qu'il a présentés récemment. Il était, le jour de l'épreuve agacé, énervé avec de la tendance à la diarrhée, inappétence à peu près absolue, sensation de sueur froide au moment de se présenter devant le jury. Chirurgien habile, mon ami a eu, depuis le début de ses études médicales, une vie des mieux remplies : carrière dure des concours, clientèle peu à peu très étendue, vie un peu mondaine. Il joignait, en outre, à ses occupations de clientèle la direction d'un journal important. Sa santé ne faiblit pas pendant vingt années devant cette tâche pénible; à ses rares moments de loisir mon ami se livrait avec ardeur aux exercices de sport.

Fervent cycliste, il était en même temps un tireur à l'épée de premier ordre. Les vacances étaient prises par de longs voyages en bécane et l'hiver, il ne passait guère un jour sans faire un assaut de boxe ou d'épée.

A la suite d'une grosse perte d'argent, imprudemment engagé dans une affaire industrielle mauvaise, il commença à avoir des moments de mélancolie; il avait, comme il disait, du noir à l'âme. Puis une maladie grave d'un enfant, maladie heureusement terminée, après de longues péripéties, par la guérison, acheva de le démonter. A partir de ce moment, il fut pris de trac à chaque opération qu'il devait faire; il s'agissait d'une véritable phobie professionnelle. Des opérations qu'il avait faites cent fois lui causaient une appréhension pénible. Quand il avait décidé qu'elle était nécessaire et qu'il avait pris jour pour l'exécuter, il ne vivait, plus tranquille, il perdait l'appétit, avait des insomnies prolongées, était pris de diarrhée. Tout l'agaçait et cet état de véritable trac ne cessait que le jour de l'opération. Il l'exécutait avec son habileté accoutumée et ce n'était qu'en finissant le pansement du malade qu'il recouvrait son calme habituel.

Cette appréhension et les troubles qu'elle engendrait devinrent tels que je l'engageai vivement à renoncer pendant quelque temps à l'exercice de sa profession ; sa situation ne lui permettait pas le repos et cependant son état devenait un peu préoccupant. Il avait maigri et, petit à petit, cet état qui ne s'accusait au début qu'à l'occasion d'une intervention semblait devenir presque chronique et journalier. Sur les insistances de ses maîtres et de ses amis, il finit, par avancer ses vacances et se décida à prendre un repos absolu dans les montagnes de son pays natal, ne se livrant qu'à des exercices modérés de marche, et abandonnant complètement tout travail intellectuel. L'hydrothérapie et une petite dose d'acide phosphorique furent pendant les deux premiers mois, les seuls adjuvants de la cure d'air, de repos et d'isolement à la campagne, isolement j'entends, des malades et de la vie fiévreuse de Paris, car il était avec les siens dans sa famille.

A la fin de septembre, quand il revint après quatre mois de farniente, il avait repris sa bonne mine, toutes ses forces et son activité cérébrale. Il n'était plus hanté par la crainte des complications des accidents qui l'assiégeait autrefois dès qu'il touchait un bistouri.

L'état neurasthénique, le trac, avaient cessé sans autre médication que le repos et la suppression de tout travail physique et intellectuel. J'étais du reste bien décidé, s'il avait continué à ressentir cette impression de trac, à soumettre mon ami à la suggestion hypnotique. Je dois ajouter que le malade avait, de lui-même, cessé de fumer depuis plus d'un an et que la suppression du tabac n'avait pas eu d'influence heureuse sur sa psychopathie. Il a repris sa clientèle, son travail, toutes ses occupations ; il opère des malades et n'a plus le sentiment d'angoisse qui l'obsédait. Cependant me disait-il, ce n'est plus tout à fait comme à mes débuts ; j'ai, à chaque opération, la veille, un petit sentiment de malaise, mais il dure peu et ne me rend pas malade comme autrefois.

Le Dr Mathot a relaté dans la *Chronique médicale* sous le nom de *trac préopératoire* des cas analogues à celui que je viens de citer.

« Un chirurgien exercé, très expert à manier le bistouri, éprouve, au moment de commencer une opération, un ensemble de sentiments souvent d'ordre réflexe qu'il convient de nommer *trac préopératoire*. Le trac n'existe pas chez tous et chez certains il revêt les formes les plus imprévues. Le chirurgien le plus correct, l'homme du monde le plus impeccable se répandra en expressions grossières. L'homme le plus calme s'emportera dans un moment de colère irrésistible, insultant ses aides. »

A mon avis, c'est de la nervosité, de la surexcitation nerveuse, mais ce n'est plus le trac proprement dit qui se caractérise surtout par un sentiment de crainte et de peur. Les exemples suivants cités par M. Mathot en sont au contraire une expression :

« Tel est pris d'une envie factice de soulager son intestin absolument libéré, tel autre éprouve de la pollakiurie. Un chirurgien connu ne peut affronter le jour d'opération sans absorber une boisson alcoolique à fortes doses ; un autre est livré dès la veille au soir à la plus cruelle des insomnies.

Pour combattre efficacement ces troubles pénibles, il faut, de la part du malade de la volonté. Le repos physique et moral, l'isolement, le bien être ne donneront pas toujours les résultats heureux obtenus par le malade dont je rapporte l'histoire.

Il faut, dans bien des cas, ajouter au traitement du système nerveux par les pratiques d'hydrothérapie, par l'exercice, les calmants, les reconstituants, une véritable rééducation de la volonté. Bérillon a obtenu dans le trac des acteurs des résultats surprenants par un traitement psychothérapique complet. C'est à ce traitement que l'on devra avoir recours quand le repos et les médications habituelles se seront montrés insuffisants pour calmer l'éréthisme nerveux.

M. R. GAULTIER.

(Paris).

LE TRAITEMENT DES HÉMOPTYSIES CONGESTIVES DES TUBERCULEUX PAR L'EXTRAIT AQUEUX DE GUI, MÉDICAMENT HYPOTENSEUR.

5.39.412 : 615.71 : 616-243-995

1ᵉʳ *Aout.*

I. *Exposé historique.* — Le traitement des hémoptysies reste une question d'actualité, aussi ne craignons-nous pas de revenir, malgré nos précédentes publications sur ce sujet, sur l'emploi justifié du *gui, médication hypotensive*, dans le but de conjurer cet accident banal de la tuberculose pulmonaire, dont les conséquences peuvent parfois être des plus redoutables.

Nous le faisons d'autant plus volontiers que notre conviction s'est depuis 5 ans affirmée par l'expérience que nous avons acquise de cette médication.

Quand nous avons attiré en 1906, l'attention sur cette drogue, nous avons dit dans quelle circonstance son emploi empirique nous avait particulièrement frappé, comment, par suite, nous avions été amené à en étudier les effets physiologiques et thérapeutiques par des constatations expérimentales et cliniques.

Depuis ce premier travail qui, faisant sortir de l'oubli une drogue jouissant jadis d'une grande vogue et tombée depuis dans la seule pratique des empiriques, la faisait entrer du même coup dans le domaine de la thérapeutique physiologique, nous avons cherché à établir d'une façon précise son mode d'action et ses indications, et un certain nombre d'auteurs à notre suite, sont venus confirmer ou compléter nos premières recherches.

II. *Le mode d'action physiologique de l'extrait aqueux de gui.* — Son mode d'action physiologique, nous l'avions montré dans une première Note à la Société de thérapeutique en 1906, puis à l'Académie des Sciences en 1907 et en fin dans un Mémoire de 1908, couronné par le prix Desportes à l'Académie de Médecine et que nous avons publié en partie en janvier 1910, dans les Archives internationales de pharmacodynamie. Le gui n'a pas d'action coagulante sur le sang, il n'a pas non plus d'action hémolysante. *Son action en général est une action hypotensive, régulière et durable*; l'injection intraveineuse d'une solution physiologique d'extrait aqueux de gui à un chien abaisse rapidement et progressivement la pression artérielle, en même temps que les battements cardiaques s'accélèrent et diminuent d'amplitude, cependant que la respiration reste régulière, légèrement accélérée. Cette action hypotensive semble due à une action centrale, exercée par la substance active sur le système nerveux vaso-moteur, comme tendent à le prouver la diminution de l'excitabilité du pneumogastrique, l'antagonisme existant entre cette substance et les convulsivants bulbo-médullaires, la persistance d'action de l'adrénaline injectée simultanément chez le même animal.

Ces faits physiologiques ont été confirmés par un certain nombre d'auteurs entre autres par Chevalier, au laboratoire du professeur Pouchet, par Gautier, par Breton Oliveau dans sa thèse sur *Les effets hypotenseurs du gui*, inspirée par le professeur Lafont de Bordeaux, par Vachey dans le service du Dr Florand à l'hopital Tenon, par Carlo Fedeli dans la *Reforma Revista*, etc.

III. *Les indications thérapeutiques de l'extrait aqueux du gui.* — Cette action hypotensive nous dicte son indication dans le traitement des hémoptysies, si l'on admet que certaines hémoptysies des tuberculeux sont sous la dépendance de l'hypertension passagère. Et, en effet, Barbary en 1905, au Congrès de la Tuberculose, le sphygmomanomètre en main, a établi que l'hémoptysie est presque toujours fonction de l'hypertension artérielle. Aussi n'est-on pas étonné de voir prescrire la trinitrine et l'iodure de potassium par F. Hare, Rouget, Lemoine, Bourland qui obtiennent des succès avec ces médicaments.

Plus récemment, Pouliot, Crace Calvert, Pic et Petitjean, Dieuzaide et tout dernièrement le Dr Guinard, du Sanatorium de Bligny, passant en revue devant la Société d'études scientifiques sur la tuberculose, le mode d'action des procédés employés dans le traitement des hémoptysies, ont apporté des faits nombreux de guérison par le nitrite d'amyle. Aussi ce dernier auteur conclut-il que :

« Tout procédé pouvant développer une action vasodilatatoire rapide et puissante avec baisse générale de la tension sanguine sera un procédé précieux pour suspendre promptement une hémoptysie pulmonaire».

Au cours de la discussion, le Dr Rénon se rallia à cette opinion et déclara que depuis 3 ans, sa préférence allait dans ce cas aux hypotenseurs, et le Dr Bezançon soutint à son tour que les médications actives sont celles qui agissent par vasodilatation générale et parmi elles, il recommande l'emploi de la trinitrine.

Pour notre part, nous avons enregistré de nombreux faits qui semblent plaider en faveur de cette opinion et si en 1905, nous pouvions écrire la phrase suivante :

« Sans vouloir prématurément vanter les vertus curatives du gui de chêne dans les hémoptysies des tuberculeux, nous avons pu constater que dans sept cas où l'hémoptysie était de nature congestive, hémoptysie active pourrait-on dire, le gui de chêne s'est montré efficace ; nous relevons encore dans ces observations le fait curieux à signaler de l'abaissement de la pression artérielle et de l'accélération des battements cardiaques qui s'est montré en corrélation avec le médicament. Il y a peut-être là une indication de son mode d'action que nous avons cherché à vérifier par des travaux expérimentaux et ceux-ci nous ayant permis de constater la baisse constante et durable de la tension artérielle, nous voyons que cette action physiologique permet d'expliquer les bons effets de la drogue ».

Si donc, nous pouvions en 1905 écrire cette phrase, aujourd'hui en 1910, nous soulignerions ces faits par des centaines d'observations et volontiers, comme le Dr Rénon à la Société de la Tuberculose, en juin 1908, nous dirions :

« En prescrivant chaque jour de 4 à 6 pilules de 0,05 g d'extrait aqueux de gui, en injectant 0,20 g de cet extrait dans 1 cm³ de sérum physiologique, j'ai vu la tension artérielle s'abaisser notablement et les hémoptysies s'arrêter. »

IV. *Mode d'emploi de l'extrait aqueux de gui dans le traitement des hémoptysies congestives.* — En pratique voici comment nous procédons :

Quand apparaît chez un tuberculeux, au début une hémoptysie nous conseillons le repos absolu, dans le décubitus horizontal, la tête à plat sans oreiller, avec alimentation restreinte, liquide, donnée par petites gorgées, en somme le minimum d'effort, et nous pratiquons une injection de morphine pour obtenir la sédation totale, et en même temps que l'injection de morphine, nous pratiquons une injection d'extrait aqueux de gui de 0 g 10 c. Si l'hémoptysie est abondante et se répète, on peut recommencer une deuxième et même une troisième injection de gui, dans les 24 heures. Pour combattre les effets de la morphine, on peut, sans remuer le malade, administrer un petit lavement évacuateur. Enfin, pour entretenir l'hypotension artérielle que détermine le gui et qui est favorable à ces malades, on continue l'administration du gui par la bouche en pilule de 0,10 cg, dont on peut donner 5 à 6 pilules par 24 heures.

Ajoutons que dans toutes nos observations, les préparations galéniques nous ont semblé les seules bonnes et que, n'ayant jamais obtenu dans nos expérimentations physiologiques d'effet hypotenseur, avec l'alcaloïde décrit par Leprince, nous n'avons jamais pour notre part, en pratique, eu recours à la préparation qui le contient.

M. DE KEATING-HART.

(Paris).

ACTIONS COMPARÉES DE L'ÉLECTRO-COAGULATION ET DE LA FULGURATION DANS LE TRAITEMENT DU CANCER.

615.84 : 616.994.6

2 *Août.*

On parle beaucoup en ce moment de l'application de la *diathermie*, sous le nom d'électro-coagulation, au traitement du cancer. Il m'a paru intéressant de faire, après un court historique, l'exposé de sa technique et des résultats qu'on en peut attendre et, comme on le verra, surtout redouter.

Nul n'ignore aujourd'hui que la diathermie ou thermo-pénétration n'est qu'une des modalités des courants de haute fréquence employés en thérapeutique. Ce qu'on sait moins, ce sont les caractères qui la distinguent des autres applications de ces courants. Si les travaux de Tesla ont révélé leurs caractères physiques, c'est à d'Arsonval que nous devons leur utilisation dans l'ordre médical, et tous les emplois qu'on en fait depuis ne sont que des conséquences des recherches de ce maître.

Les applications sont de deux sortes au-point de vue objectif : directes et par influence; elles ont des effets différents selon le but recherché, effets médicaux ou chirurgicaux suivant les nécessités de chaque cas.

Sans entrer dans le détail de leur instrumentation, il me suffira de rappeler que les courants de haute fréquence naissent d'une série de modifications des courants de ville, traversant successivement une bobine de Ruhmkorff, qui élève leur potentiel à 4o ooo ou 5o ooo volts, puis des condensateurs et les tours de spire d'un solénoïde où ils peuvent atteindre jusqu'à 3oo ooo volts et davantage. Si ce solénoïde a de telles proportions qu'on puisse, à la façon d'un barreau de fer doux dans une bobine, y enfermer un malade, on obtient sur celui-ci des effets physiologiques dus à l'action de l'électricité à distance. Mais de ce solénoïde, si nous ne mettons en circuit que quelques tours de spire, selon le dispositif de l'appareil dit *résonateur* inventé par Oudin, nous pouvons recueillir à l'extrémité supérieure des spires libres des décharges de haut potentiel que l'on utilise sous deux formes : *effluves* et *étincelles.* La tension en est assez grande pour leur permettre de s'échapper dans l'air sans qu'il soit besoin de les mettre en communication avec le pôle de nom contraire; aussi a-t-on pu appeler *unipolaire* cette manière de les utiliser. Tel, par exemple, est le cas de la *fulguration*, selon la méthode que j'ai préconisée moi-même. Se sert-on d'un fil de retour, on a la fulguration *bipolaire*, telle que je l'appliquais quand j'en ai parlé au Congrès de Reims en août 1907, et telle qu'elle a été présentée à nouveau plus tard au public médical sous le nom de *voltaïsation bipolaire*, terme qui a au moins le tort de prêter à confusion avec d'autres modalités électriques connues.

Une différence thérapeutique importante sépare l'application unipolaire de la bipolaire : alors que, dans la première, les phénomènes électriques dominent, dans la seconde, intervient un élément tout autre : l'élément *chaleur*. Si même on rapproche du corps les électrodes au point de supprimer l'étincelle, les effets caloriques deviennent presque seuls apparents, et c'est cette action spéciale que d'Arsonval à mise en lumière le premier. Von Berndt et Nagelschmidt en ont étudié les résultats thérapeutiques sous le nom de *diathermie* et de *thermopénétration*.

L'intérêt de la diathermie réside, comme son nom l'indique, en ce que, contrairement aux agents thermiques connus, elle n'arrête pas ses effets aux surfaces, mais agit entre ses pôles dans la profondeur même des tissus qu'elle peut porter à de hautes températures. On conçoit qu'en de telles conditions, il ait pu naitre de ses applications deux sortes de traitements : un traitement qu'on peut appeler médical, quand la chaleur ne dépasse pas les limites au-dessus desquelles la vie cellulaire n'est plus possible, et un traitement chirurgical, c'est-à-dire destructeur, quand on franchit ces limites : c'est à ces effets destructeurs de la diathermie qu'on a donné le nom assez juste d'*électro-coagulation*. Je laisserai aujourd'hui de côté l'étude des applications médicales de la diathermie, applications fécondes en résultats et pleines de promesses pour l'avenir, et ne parlerai que des effets de l'électro-coagulation dans le traitement de néoplasmes malins, *effets essentiellement différents de ceux de la fulguration*, je dirai presque *leurs contraires*. Pour exposer et discuter l'action de l'électro-coagulation sur le cancer, je prendrai comme base les recherches et les affirmations des protagonistes de la méthode et la discussion ne portera pas sur la réalité des phénomènes constatés par eux, mais sur les seules conséquences thérapeutiques de ces phénomènes.

D'après les travaux publiés jusqu'ici, deux faits principaux feraient la valeur curative de l'électro-coagulation sur le cancer : elle *détruirait* les masses néoplasiques en profondeur et *modifierait* ce qu'elle ne tue pas; double action également heureuse, puisque par elle on mortifierait ce qui n'est plus que néoplasique et l'on guérirait ce qui n'est que partiellement atteint.

En effet, la chaleur posséderait cet avantage de ne provoquer la mort des tissus sains qu'au-dessus de 60°, tandis que les éléments néoplasiques ne lui résisteraient pas plus haut que 55°. On conçoit les précieuses conséquences d'un tel filtrage qui permettrait de poursuivre les lésions à travers les tissus et les organes respectés. Voyons dans le fait comment cela se réaliserait.

Supposons un cancer lingual n'ayant pas envahi en apparence plus que la moitié antérieure de l'organe : c'est là, paraît-il un des cas où l'électro-coagulation ferait merveille. L'étroite électrode active placée sur la tumeur, un large pôle indifférent appliqué sur un endroit quelconque du corps, le courant passe.

Que va-t-il déterminer, d'après les publications mêmes des partisans de la méthode? Premièrement, une destruction massive par coagulation thermique de la tumeur pouvant se manifester jusqu'à une profondeur de 6 à 8 cm; deuxièmement, en arrière de cette mortification apparente, une zone d'action thérapeutique (?) d'une épaisseur de 1,5 cm et où la température va en décroissant de 65° à 38° : enfin, plus loin, une région assez vaste et mal déterminée où la chaleur se maintient aux environs de 38°. Supposons donc que l'action destructive ait bien dépassé la masse dégénérée, quelle sera l'étendue réelle de la zone dite thérapeutique? Sur les 15 mm indiqués ci-dessus, la chute de température est, nous dit-on, de 65° à 38°, soit de 27 degrés; calculé *grosso modo*, cela nous donnerait environ 2 degrés de chute par millimètre d'épaisseur ([1]). Comme l'action filtrante ne s'exercerait qu'entre 55° et 60°, *c'est sur une bande de 2,5 mm en tout, en arrière de la masse nécrosée, que l'action thérapeutique proprement dite se ferait sentir*!! Et cela d'après les dires mêmes d'un des plus ardents défenseurs de la méthode.

Mais plus loin que cette zone, dans la région diffuse que le courant élève d'un degré, que va-t-il se passer? Les travaux mêmes des auteurs vont encore nous éclairer. Nous n'ignorons pas que des semences mauvaises profondes existent le long des trajets lymphatiques, dans plus de 99 pour 100 des cas. L'hyperthermie modérée n'a sur ces germes aucune action destructive. Tout au plus cela rendrait-il les cellules cancéreuses plus sensibles à une rœntgenthérapie consécutive. *Mais le microscope, loin de nous les montrer atteints dans leur vitalité, nous les révèle en pleine mitose, semblant avoir reçu du fait de cette intervention insuffisante, comme toujours, du reste, une excitation nouvelle à la pullulation.*

Jusqu'ici donc, l'action destructive seule pourrait paraître heureuse, mais à l'analyse, voici ce que nous trouvons : on ne peut arrêter les limites de cette action d'une façon précise, et cela à 1 cm ou 2 cm près Le cours du sang dans un vaisseau abaisse à tel point la température de son ambiance qu'il *peut* rester intact au milieu de la destruction qui l'entoure, mais qu'il *peut* aussi avoir sa *paroi rongée par une escarre latérale.* Enfin nous apprenons que la masse nécrobiosée met un temps considérable à se détacher, soit dix à quinze jours. Et ainsi se résume à nos yeux les *triples résultats de l'électrocoagulation* :

1° *Chirurgie aveugle, dangereuse et rapidement septique;* 2° *effet thérapeutique à peu près nul;* 3° *vitalisation des germes malsains profonds;*

([1]) D'après la loi du carré des distances, l'effet serait encore plus réduit.

et ce sont là, non des vues personnelles, mais les conséquences logiques tirées des données mêmes des partisans de la méthode.

On peut se demander devant des conclusions aussi sévères, si elles ne comportent pas en elles-mêmes et *a fortiori* la condamnation de la fulguration, l'agent physique utilisé pour l'électro-coagulation étant beaucoup plus destructeur que pour la première.

Mais je l'ai dit : leurs actions ne sont pas comparables, étant essentiellement différentes et pour ainsi dire opposées.

La fulguration n'a presque aucune puissance destructive, et loin de chercher à produire un tel effet, *je fais tout pour l'éviter*. Et l'on comprendra ce souci, quand on saura que les phénomènes que je cherche à provoquer sont surtout d'ordre physiologique, et que tout semble prouver qu'elles s'adressent au système nerveux.

Au début de mes recherches, j'avais pu croire que l'étincelle produisait une *sidération* de la cellule cancéreuse, de là, le nom que j'avais donné primitivement à ma méthode. Mais la clinique depuis, et aussi les recherches de laboratoire, sont venues me révéler mon erreur. En effet, j'avais remarqué que la fulguration pratiquée sans chirurgie à la surface d'une tumeur un peu volumineuse ne déterminait aucune régression.

Wassilliewski, je crois, et moi-même ensuite, avons plus tard fait à ce sujet une expérience concluante : ayant étincelé des tumeurs de souris cancéreuses, nous en avons tenté ensuite la réinoculation à des souris saines avec un succès aussi complet que si les tumeurs n'avaient subi aucun traitement antérieur. La vitalité du cancer ne semblait donc nullement atténuée par l'étincelle de haute fréquence.

J'ai tenté l'expérience inverse, c'est-à-dire que j'ai fulguré la plaie de la souris saine avant inoculation, et le greffon implanté n'y a pas proliféré. Mais je n'attache pas à cette expérience une valeur démonstrative très concluante, car l'insuccès de l'inoculation pouvait être dû à d'autres causes qu'à la fulguration préparatoire.

Les faits et recherches qui suivent me semblent de nature plus intéressante. On a cru longtemps, et moi tout le premier, à la puissance cicatrisante de la fulguration. Or, s'il est vrai que la *courte* étincelle suractive le processus cicatriciel en hâtant l'épithélisation des plaies, *la longue étincelle, c'est-à-dire la seule qui doive être employée en fulguration*, détermine un retard dans la repullulation cellulaire, tel qu'il n'est pas rare de voir des plaies saines fulgurées rester indéfiniment à l'état atone et sans tendance à la réparation.

Par ailleurs, constatant les modifications trophiques déterminées par l'étincelle, le professeur Ghilarducci, de Rome, a pensé, et l'événement lui a donné raison, que la cause n'en devait pas tant être cherchée dans les plaies elles-mêmes qu'aux centres nerveux correspondants. Il a, dans ce but, institué une série d'expériences des plus intéressantes sur les lapins. Mettant à nu leurs nerfs sciatiques, il a couvert ceux-ci d'étincelles pendant des durées de temps différentes, et voici ce qu'il a constaté par la suite sur ces mêmes nerfs et sur les étages médullaires où ils aboutissent : *sans dégénérescence ni altération des nerfs ni des fibres médullaires intermédiaires*, il a trouvé les *étages sacrés et cervicaux de la moelle altérés bilatéralement dans leurs cellules nobles*, et ces altérations allaient de la simple chromatolyse à la nécrobiose des éléments.

Ces expériences ont été reprises par moi, en collaboration avec un histologiste bien connu, M. Lhermitte, chef de laboratoire à la Salpêtrière, et nos recherches semblent confirmer les vues de Ghilarducci.

De tels faits sont de nature à fournir des explications séduisantes de l'action de la fulguration sur le cancer.

En effet, s'il est vrai que l'étincelle de haute tension agisse sur la moelle au point d'y détruire certains groupes cellulaires, nous pouvons comparer de tels effets à ceux d'une poliomyélite antérieure qui, après réparation, ne permet pas à un membre de reconquérir sa vitalité première et retarde de beaucoup sa croissance normale.

Cela expliquerait rationnellement le même retard observé après fulguration dans la cicatrisation des plaies saines.

Enfin, comme le seul fait indiscutable qui nous paraisse le propre du cancer, c'est sa puissance désordonnée de reproduction cellulaire, que cliniquement nous savons que son évolution est d'autant plus rapide que le porteur en est plus jeune et plus fort et que l'organe où il est fixé a plus d'activité fonctionnelle et circulatoire, nous sommes en droit de penser que tout ce qui réduit la puissance reproductrice du terrain où il évolue peut être apte à réduire ou à supprimer le cancer; et comme c'est là le propre de la *fulguration*, nous croyons l'avoir démontré, ses succès contre celui-ci paraissent de ce fait expliqués de façon plausible.

Telles sont les différences profondes qui séparent la *fulguration* de *l'électro-coagulation*, aussi bien dans leurs techniques que dans leurs effets. On sait le grand nombre de succès (*plusieurs centaines*) que des chirurgiens et électriciens de haute valeur ont déjà reconnus à la fulguration. Chacun en revanche pourra, en lisant plus haut les causes des mauvais effets de *l'électro-coagulation* sur le cancer, comprendre pourquoi les pseudo-guérisons qu'on attribue à celle-ci ne sont guère publiées que par les journaux politiques, et sous la forme d'affirmations bruyantes, mais gratuites.

MM. F. BEZANÇON ET M.-P. WEIL.

LE POIDS DES TUBERCULEUX, CONSIDÉRÉ DANS SES RAPPORTS AVEC LA NOTION DES POUSSÉES ÉVOLUTIVES.

616.995

2 *Août.*

Tous les phtisiologues s'entendent pour proclamer la valeur considérable de l'augmentation du poids chez les tuberculeux :

« Si le malade reprend des forces, de l'embonpoint, disait G. Sée, soyez sûrs que la maladie ne fait plus de progrès. »

Jaccoud, Grancher, et plus récemment Lalesque (d'Arcachon), Cosset, Darmezin ont insisté sur cette notion fondamentale.

Étudiant chez nos tuberculeux en poussée la courbe de poids à l'aide de pesées faites régulièrement tous les huit jours, nous avons essayé de préciser à quel moment survenait cette augmentation pondérale.

M. Letulle a insisté sur ce fait que

« les tuberculeux, à quelque période de leur maladie qu'ils arrivent, du moment qu'ils sont encore valides et quelque peu appétents, augmentant de poids dans les trois ou quatre premières semaines de leur séjour à l'hôpital ».

Cela est surtout vrai, croyons-nous, lorsqu'il s'agit d'une tuberculose pulmonaire essentiellement lente et chronique dans son évolution, que ce soit une forme surtout fibreuse, à tendances extensives presque nulles, ou une tuberculose fibro-caséeuse banale, à envahissement lent, mais continu.

Lorsqu'il s'agissait au contraire de ces accidents aigus de la tuberculose pulmonaire que l'un de nous (F. Bezançon) a essayé d'individualiser sous la dénomination de *poussée évolutive*, nous avons été frappés par ce fait que tant que durait la période ascensionnelle de la poussée, alors même que le malade était entré à l'hôpital, son poids continuait à diminuer. Il augmentait au contraire dès que la poussée tendait vers sa fin.

L'étude de la courbe pondérale tire son importance de la précocité même de l'augmentation du poids. Cette augmentation nous a paru être en effet une des manifestations les plus précoces de la *fin de poussée;* elle précède la chute thermique et semble coïncider avec la modification de la formule sanguine, l'hyperleucocytose se transformant en leucopénie, et la polynucléose en monucléose. Le taux des éosinophiles, qui, on le sait, est considérablement abaissé tant que la poussée bat son plein, nous a paru augmenter avant que n'augmente le poids;

la crise éosinophilique apparaît ainsi comme le premier élément symptomatique qui annonce la fin de la poussée; mais quand l'éosinophilie est apparue, l'augmentation de poids est proche. Ce n'est que plus tard que surviendra la chute de la température.

Nous nous bornerons aux deux exemples suivants :

Mme C... entre à l'hôpital le 24 février 1910 pour une poussée tuberculeuse dont le début remonte à un mois environ; sa température est de 38°; son poids de 49,200 kg; sa formule sanguine caractérisée par une leucocytose de 8500, une polynucléose de 77, un taux d'éosinophile de 0,2 %. Pendant tout le mois suivant, la poussée se prolonge; le 24 mars le poids est tombé à 47,300 kg; la température s'est maintenue à 37°,9; la leucocytose à 8200; la polynucléose s'est élevée à 82; mais, fait essentiel, le taux des éosinophiles est monté à 1,3 %. La malade, à partir de ce moment, commence à engraisser : le 13 avril, elle pesait 48,200 kg; la leucopénie était apparue (4800 globules blancs par millimètre cube), la polynucléose diminuait (68 %), l'éosinophilie s'était exagérée (3 %); cependant la température était encore à 37°,6; l'apyrexie ne devait survenir que plus tard.

M. M..., entré à l'hôpital le 4 novembre en pleine poussée hémoptoïque, présentait une température de 39°,8, une leucocytose de 8000, une polynucléose de 70, un taux très réduit de ses éosinophiles (0,2 %). L'éosinophilie apparaît le 15 novembre (4 %); la première augmentation pondérale se manifeste le 24 novembre : la température était encore aux environs de 39°. Bientôt la fièvre accentuait sa chute : le 6 décembre la température atteignait le matin 37°; le 25 décembre le malade commençait nettement son hypothermie de fin de poussée.

En résumé, l'augmentation du poids est un symptôme précurseur de la fin de la poussée; elle se manifeste avant la chute de la température; sa précocité est presque aussi grande que le sont les modifications hématologiques, dont l'étude est plus délicate et plus longue.

Certes, dans le traitement de la phtisie,

« le but qu'on doit se proposer n'est pas,

selon l'expression de Grancher,

l'augmentation de poids et de graisse, mais l'augmentation des forces »;

mais si le tuberculeux en question n'est pas un phtisique gras, M. Lemoine, de Lille, a bien montré que ses malades pouvaient subir

« un véritable engraissement »,

alors que leur tuberculose progressait; si d'autre part ce n'est pas par une suralimentation intensive qu'on obtient l'augmentation de poids,

« on ne refait pas un tuberculeux comme on fait une viande de boucherie »,

a pu dire M. Daremberg, l'élévation de la courbe pondérale du tuberculeux en poussée a une importance pronostique considérable, car elle est une des manifestations des plus précoces de la *fin de poussée*.

M. H. PARMENTIER,

Médecin en chef des dispensaires antituberculeux (Paris).

NOUVEAU TRAITEMENT DE LA TUBERCULOSE PULMONAIRE
PAR LES INJECTIONS DE CHOLERGINE.

615.74 : 616.995

3 *Août.*

Le traitement que nous venons proposer aujourd'hui est édifié sur une expérimentation de plusieurs années. Le nombre de cas traités d'une façon nette et suivie est de cent-dix. Nous en avons déjà exposé un certain nombre à la Société internationale de la Tuberculose. Les observations sont déjà anciennes et les malades ont été revus depuis (1905-1910).

Il y a un certain nombre d'années, l'attention des phtisiologues a été attirée du côté des fonctions antitoxiques spéciales de la glande hépatique et, particulièrement, du côté de la fonction antitoxique biliaire, due principalement à la présence de cholestérine et de ses dérivés. Nous rappellerons les travaux de Wassermann, de Noguchi, d'Iscovesco, de Norgenroth, de Victor Henri.

En 1906, Triboulet (de Paris) prépare un sirop hépatique, dont l'action semble favorable dans les cas de déchéance organique et de tuberculose pulmonaire. En 1907, Gérard et Lemoine (de Lille) font connaître un produit injectable extrait de la bile par l'éther de pétrole, selon ces auteurs, et qui donnerait de bons résultats dans la tuberculose.

L'action de ces produits semble due à leur teneur en lipoïdes; à ce groupe appartiennent la cholestérine, l'iso-cholestérine, l'oxy-cholestérine, la lécithine et certains composés contenant du phosphore organique.

La teneur en lipoïdes du foie et de la bile n'est d'ailleurs pas aussi grande que certains l'ont prétendu.

Dans la plupart de ces tentatives thérapeutiques on n'a étudié en général qu'une seule fonction du foie : la secrétion biliaire. Or les fonctions hépatiques sont multiples et il nous a paru intéressant de chercher un produit injectable représentant, en quelque sorte, la synthèse des produits actifs du foie et de la bile.

Dans la bile, les substances actives sont représentées par les divers lipoïdes. Dans le foie, à côté de lipoïdes, on trouve des uréides et des dérivés du glycogène.

Nous avons réalisé cet extrait total et l'avons, pour simplifier, dénommé *cholergine*, c'est un extrait hépatique total du taureau. La préparation, trop longue et complexe pour être exposée en détail ici, est basée sur l'action du vide, de dissolvants neutres employés dans un ordre systématique et de réactifs de précipitations sans action purement chimique. Le rendement est extrêmement faible : 2 kg de matière première animale ne donnent qu'un gramme environ d'extrait actif. Nous tenons à insister sur ce point, car certains auteurs ont prétendu extraire, rien que de la bile, 5 à 6 % de lipoïdes. C'est dire que notre préparation est essentiellement originale. L'extrait est ensuite dissous dans un mélange dont la majeure partie est constituée par de l'huile de vaseline et de l'huile de sésame, puis réparti en ampoules de 2 cm³.

Les injections se font tous les deux jours, dans la région fessière, à la limite des muscles. Elles sont indolores. Pour obtenir un résultat appréciable, il faut 20 à 30 injections mais, le plus souvent, l'action favorable se manifeste après quelques piqûres.

Tous les tuberculeux que nous avons pu suivre ont été influencés par le médicament de la façon la plus favorable. Il est bien évident que l'individu complètement déchu et porteur de grosses cavernes ne guérit pas; mais, dans les cas extrêmes, on constate une amélioration très nette des symptômes morbides.

Dans les cas favorables, de beaucoup les plus nombreux, on constate, tout d'abord, une augmentation très nette du poids; le malade éprouve une sensation de bien-être et se sent plus vigoureux. Quelques injections suffisent souvent pour faire gagner deux ou trois kilos.

D'autre part, la fièvre vespérale diminue de plusieurs dixièmes de degrés et les sudations nocturnes s'amendent. La toux et la dyspnée diminuent d'intensité; enfin, les bacilles sont moins nombreux après quelques piqûres.

La grande majorité des malades que nous avons traités avaient été auparavant soignés sans succès par les méthodes habituelles, soit par d'autres confrères, soit par nous-mêmes et nous n'avons rien changé à leur régime ou à leur genre de vie lorsque nous avons entrepris de les traiter par la cholergine. C'est dire que les résultats obtenus ne sont pas dus à une hygiène meilleure.

L'anorexie, souvent si rebelle, nous a paru, en général, céder au traitement.

Il est bien évident que, lorsque cela est possible, le traitement est singulièrement aidé par la cure de repos et d'alimentation.

Nous n'avons pas constaté de contre-indications provenant soit des hémoptysies, soit de l'intensité de la fièvre. Enfin nous tenons à dire qu'on peut dans l'intervalle des piqûres recourir à la médication tonique arsenicale et aux méthodes de récalcification.

Cependant, pour éliminer toute cause d'erreur nous ne comptons, dans les 110 cas très nets qui ont fait l'objet de nos expériences, que les résultats terminaux obtenus par la cholergine, employée seule.

D'autres médecins ont fait quelques expériences avec ce produit et ont obtenu des résultats absolument identiques. Nous pensons donc présenter une méthode dont l'expérimentation ne peut que donner des résultats intéressants.

M. LAFFORGUE,

Professeur-Agrégé au Val-de-Grâce.

RECHERCHES SUR LA BACILLÉMIE TUBERCULEUSE.

616-0227-995

3 Août.

Je voudrais vous entretenir brièvement de la bacillémie tuberculeuse, c'est-à-dire de la présence du bacille de Koch dans le sang des tuberculeux. Cette question a suscité de nombreux travaux, mais on est frappé de voir combien les conclusions en sont divergentes et contradictoires. Je rappellerai, dans ses grandes lignes, l'état actuel de la question : dans la tuberculose pulmonaire chronique, même dans sa phase avancée, dans son stade cavitaire, on ne trouve pas en général de bacilles dans le sang; dans les formes aiguës, tout au moins dans la granulie, les bacilles sont plus fréquemment mis en évidence, encore que les résultats de cette recherche soient assez souvent négatifs; enfin, mais ce dernier point est mal établi, dans les formes chroniques avec poussées aiguës intercurrentes, le bacille peut apparaître dans le sang au cours de ces réveils paroxystiques de l'infection. Si l'on voulait résumer en une formule générale l'ensemble des résultats acquis, on pourrait dire que plus la tuberculose réalise le type aigu et plus on a de chance de trouver des bacilles dans la circulation générale. Ce n'est là d'ailleurs qu'une formule approximative, une sorte de moyenne un peu artificielle entre des affirmations divergentes, qui comporte de nombreuses exceptions. Pour ne considérer que les formes aiguës, on est frappé de voir combien les pourcentages des auteurs diffèrent entre eux : par exemple, sur 8 cas de tuberculose à évolution aiguë étudiés par Jousset par l'inoscopie d'une part et l'inoculation de l'autre, cet auteur relève 4 cas positifs de bacillémie; par contre, H. Bergeron ne décèle le bacille dans le sang que dans $\frac{1}{3}$ des cas de granulie. Mêmes divergences, encore plus accentuées quand il s'agit des tuberculoses chroniques, avec ce point bien acquis cependant que les résultats positifs y sont l'exception.

Donc, un premier point à mettre en relief pour la bacillémie tuberculeuse : c'est l'extrême variabilité des résultats suivant les malades et suivant les auteurs.

Pour la recherche de la bacillémie, deux groupes de procédés ont été mis en œuvre : 1° la recherche directe du bacille par la coloration, après traitement préalable et approprié du sang; 2° l'inoculation de ce sang à un animal d'expériences, cobaye ou lapin.

Parmi les méthodes du premier groupe, nous citerons l'inoscopie de

***4

Jousset, l'homogénéisation du caillot de Bezançon, Griffon et Philibert l'hydro-hémolyse de Nattan-Larrier. Ces méthodes représentent de grands progrès techniques et on pourra y recourir avec le plus grand avantage toutes les fois qu'il s'agira de compléter ou de contrôler par une recherche bactériologique extemporanée un diagnostic clinique hésitant.

A côté des méthodes qui visent la recherche directe du bacille par coloration, il y a l'inoculation du sang de tuberculeux au cobaye ou au lapin. Ce procédé présente dans la pratique un grand inconvénient : la réponse à la question posée est tardive et les nécessités de la clinique journalière ne s'accommodent pas toujours d'atermoiements. Il y a cependant des malades chez lesquels son application demeure très pratique et très avantageuse, et voici dans quels cas.

Il s'agit de sujets qui présentent depuis des jours ou même des semaines un état fébrile mal défini, avec arthénie, céphalée, insomnie, troubles gastro-intestinaux de nature variable, grosse rate, etc. On songe à la dothiénentérie, mais le séro-diagnostic de Widal et les ensemencements du sang demeurent négatifs à des examens répétés; en outre, au simple point de vue clinique, quelques particularités de la courbe thermique, l'absence ou l'aspect quelque peu insolite de certains symptômes, font émettre des doutes sur la légitimité du diagnostic. Souvent, en pareil cas, cette affection à masque typhique évoluera vers la guérison, sans qu'on ait pu lui assigner sa véritable étiquette. J'insiste sur ce point que les faits de cet ordre sont loin d'être rares; dans mon service de l'hôpital d'instruction Desgenettes à Lyon où, comme dans tous les milieux militaires, la tuberculose sévit de façon désolante, je recueille plusieurs fois l'an des observations qui, au point de vue clinique, se superposent assez exactement à la précédente. Dans les cas de cette espèce, quand la guérison survient, et les évolutions favorables sont a majorité, il n'est pas indifférent de savoir, pour les décisions de l'avenir et la ligne de conduite à suivre, si l'on s'est trouvé en présence d'une infection banale ou d'une infection tuberculeuse aiguë, d'une typho-bacillose, en prenant ce terme dans son acception la plus générale. C'est en pareille occurence qu'une inoculation au cobaye, pratiquée en temps utile et suivant des règles que je vais m'efforcer de préciser, présente rétrospectivement un grand intérêt pratique. Il n'y a pas d'ailleurs que le diagnostic rétrospectif de typhobacillose qui peut bénéficier de l'inoculation au cobaye; certaines déterminations pulmonaires mal définies, spléno-pneumonies fébriles à symptômes locaux un peu étranges, broncho-pneumonies à évolution traînante, etc., pour lesquelles on songe à la tuberculose sans pouvoir l'affirmer, pourraient être plus sûrement rapportées à leur véritable origine : le bacille de Koch, si une inoculation du sang était intervenue en temps utile.

C'est exclusivement aux procédés d'inoculation que se rapportent mes recherches sur la bacillémie tuberculeuse. En relisant les travaux déjà publiés sur la question, j'ai été surpris de la grande divergence des résultats obtenus, par un procédé qui, *a priori*, semble comporter moins de causes d'erreur que la coloration directe du bacille de Koch. Principalement, on n'enregistre pas sans quelque étonnement, à côté des résultats positifs, quelques-uns contestables, il est vrai, de Gosselin, de Jeannel, de Galtier, les résultats *constamment négatifs* obtenus par Küss, quand il inocule dans le péritoine d'un cobaye sain 4, 5, 16, 17 cm³ de sang prélevé chez un cobaye tuberculeux, à la période de cachexie.

Pourquoi de pareilles différences? J'ai été amené à penser que la raison de certains insuccès résidait pour une bonne part dans l'*action empêchante du sérum sanguin*, injecté en même temps que les éléments solides du sang et que les bacilles de Koch qu'il peut éventuellement véhiculer. Pour vérifier cette hypothèse, j'ai pratiqué des inoculations de sang préalablement *dépouillé de la totalité de son sérum*. Jusqu'à ce jour, la plupart de mes recherches sur la bacillémie ont été faites en partant de cobayes tuberculeux. Les animaux étaient tuberculisés par injection sous-cutanée de crachats humains; ils étaient sacrifiés au bout de 40 jours, s'ils n'étaient pas morts spontanément à cette date. *Dix* cobayes ont été ainsi traités; tous ont contracté la forme de tuberculose habituelle chez cet animal, en nodules disséminés sur le foie, la rate, les poumons, mais sans généralisation granulique. Chez ces animaux je prélevais dans le cœur, avec toutes les précautions d'antisepsie désirable, en particulier après cautérisation très large de la surface de l'organe, 1 cm³ de sang qui était rendu immédiatement incoagulable par addition de dix gouttes de citrate de soude à 20 °/₀ et soumis à la centrifugation dans un tube stérile. Après décantation du liquide surnageant, j'inoculais le culot dans le péritoine d'un cobaye sain Sur les *dix* expériences faites, *sept* fois, soit dans 70 °/₀ des cas, j'ai constaté chez le cobaye inoculé une tuberculose typique. Il s'agit en règle générale d'une tuberculose à évolution lente, tantôt intéressant exclusivement les ganglions mésentériques, la rate et le foie, tantôt intéressant le thorax et l'abdomen.

Dans trois de ces expériences, j'ai inoculé comparativement à deux cobayes différents, le sang total et le sang dépouillé du sérum. Dans un premier cas, les deux inoculations furent négatives; mais dans les deux autres, seules furent positives, les inoculations pratiquées avec le culot.

Dans les résultats qui précèdent, il faut distinguer : 1° les faits, très différents, comme on le voit, de ceux enregistrés par Küss et acceptés par A. Bergeron; 2° la raison de ces faits. N'est-on pas autorisé à penser, surtout après les résultats des expériences de contrôle, que ce pourcentage si considérable de faits positifs s'explique en grande partie *par l'exclusion du sérum?* Cette hypothèse rend compte de certains faits paradoxaux, celui-ci entre autres : que les résultats d'inoculation positifs ont été obtenus par les auteurs qui injectaient de petites quantités de sang ou qui n'injectaient que le caillot; d'ailleurs, les auteurs qui opéraient de la sorte n'étaient nullement conduits par l'idée directrice qui a guidé mes essais. Mais, sans le vouloir et sans s'en douter, ils réduisaient au minimum dans leurs expériences, ou même supprimaient entièrement l'action empêchante du sérum sur l'évolution de la tuberculose inoculée.

Comment peut-on expliquer cette action empêchante?

1° Le sérum agit-il en *diluant les bacilles* et en favorisant, de ce fait, la phagocytose? celle-ci est en effet plus active et plus efficace vis-à-vis d'unités bactériennes bien isolées, éparpillées sur une plus grande surface. Peu vraisemblable *a priori*, cette hypothèse est détruite par l'expérience suivante : Si, après centrifugation et décantation du liquide surnageant, on remplace le sérum par une quantité égale d'eau physiologique, l'inoculation demeure positive.

2° Le sérum aurait-il une *action bactéricide*, exaltée par le passage dans un organisme neuf qui lui fournirait de l'alexine? J'ai pu constater expérimentalement qu'il n'en était rien; et de plus on se demande comment cette action bactéricide pourrait continuer à se produire dans l'organisme de l'animal inoculé, puisque le sérum se résorbe très vite.

3° Le sérum agit-il par son *pouvoir opsonisant*? Non, semble-t-il; j'ai étudié ce pouvoir chez quelques-uns de mes animaux et les indices opsoniques ont varié entre 0,80 et 2,90 pour des résultats d'inoculation identiques.

4° Ne peut-on enfin invoquer un certain degré de *chimiotaxie positive* exercée sur les phagocytes par le sérum des animaux tuberculeux? Celui-ci agirait dès lors sur l'activité phagocytaire en appelant et concentrant les cellules de défense au point d'inoculation.

De fait, si l'on sacrifie au bout d'une demi-heure ou d'une heure un cobaye auquel on vient d'injecter dans le péritoine du sérum d'animal tuberculeux on constate, en faisant des frottis de la séreuse, un afflux cellulaire considérable : les cellules endotheliales et les gros mononucléaires sont prédominants; on trouve en plus petit nombre des polynucléaires et des lymphocytes. Mais cet afflux cellulaire est un phénomène banal qui se rencontre au cours des injections péritonéales les plus diverses et l'on ne peut lui prêter une grande signification pathogénique. Par contre, je peux tirer argument contre mon hypothèse de quelques recherches de M. Fernand Arloing. Cet auteur a montré que le sérum antituberculeux fourni par une chèvre qui a reçu un grand nombre d'inoculations de bacilles sous la peau, jouit d'un pouvoir chimiotactique positif 12 fois plus grand que celui du sérum normal et du bouillon.

Si le pouvoir chimiotactique d'un sérum est fonction de l'immunité du porteur, je serais mal venu à en invoquer l'existence chez mes animaux morts de tuberculose et morts cachectiques.

En résumé, je ne trouve à l'action empêchante du sérum aucune explication absolument satisfaisante, mais le fait intéressant pour la pratique subsiste; je le résumerai ainsi : Pour que l'inoculation au cobaye d'un sang bacillémique ait plus de chances d'être positive, il faut exclure de l'inoculation le sérum sanguin.

A cette première condition, j'en ajouterai une autre : il faut inoculer le culot correspondant à une quantité considérable de sang (1 cm³ au moins en partant du cobaye tuberculeux). Il est superflu d'insister sur ce second facteur de succès.

Voilà les résultats obtenus chez l'animal; j'ai fait l'application de la méthode à l'homme, mais dans des conditions encore très restreintes.

Je ne vous apporte aujourd'hui que le résultat de mes premières recherches.

Voici d'abord la technique employée :

Je prélevais chaque fois, par ponction dans les veines du pli du coude, 60 cc, 80 cc et même 100 cc de sang, que je rendais immédiatement incoagulable par addition de citrate de soude à 20 % (5 à 10 gouttes de citrate par centimètre cube de sang). Puis, je soumettais le mélange à la centrifugation, je décantais, et j'inoculais le culot dans le péritoine d'un cobaye.

J'ai appliqué ce procédé à six malades : 2 fois dans des cas de phtisie ulcéreuse commune au stade cavitaire, 1 fois dans une pneumonie caséeuse, 3 fois dans des cas soupçonnés *typhobacillose*. Dans les trois premiers cas (tuberculose pulmonaire chronique et pneumonie caséeuse), les résultats furent négatifs.

Parmi les sujets suspects de typhobacillose, j'en éliminerai un qui présentait en réalité de l'ascaridiose à forme typhoïde; l'inoculation du sang se montra, d'ailleurs, négative.

Restent les deux autres cas, qui étaient des typhobacilloses authenques. Pour l'un, une première inoculation de 60 cm³ de sang fut négative, alors que le sujet présentait une infection aiguë mal définie, sans localisation viscérale décelable. Répétée 15 jours après avec 100 cm³, elle fut positive, mais dans les semaines suivantes, survint une généralisation granulique mortelle. Ce cas est à l'actif de ma méthode, mais il perd de son intérêt en raison de la granulie terminale : il est possible en effet qu'au moment de la deuxième épreuve le sujet fut déjà infesté de granulie et l'on sait qu'en pareil cas tous les procédés d'inoculation peuvent donner les résultats positifs.

Le dernier cas est beaucoup plus intéressant, parce qu'il s'agit d'une typhobacillose qui a guéri. Je n'insiste pas sur la symptomatologie; je dirai seulement, au point de vue clinique, que, trois semaines durant, ce malade tint notre diagnostic en suspens. La séro-réaction de Widal était constamment négative, les ensemencements du sang toujours stériles, le séro-diagnostic d'Arloing-Courmont, positif à $\frac{1}{10}$ d'abord, puis à $\frac{1}{15}$, signifiait bien *tuberculose*, mais ne pouvait nous renseigner sur la nature exacte de la maladie en cours. C'est alors que j'inoculai à un cobaye 80 cm³ de sang, dépouillé de son sérum. Deux mois après, l'animal, qui avait maigri fut sacrifié et trouvé porteur d'une tuberculose qui intéressait la séreuse péritonéale, un ganglion mésentérique, la rate et le foie. Je n'ose penser que ce soit une coïncidence, car la localisation très élective de cette tuberculose semble bien démontrer qu'elle est en rapport avec l'inoculation. De plus, sa marche très lente cadre bien avec ce que nous savons sur l'évolution de ces tuberculoses par inoculation péritonéale de sang tuberculeux.

L'intérêt pratique de ce cas réside dans ce fait que le malade était guéri, quand le cobaye nous fournit sa réponse. Il fut dès lors réformé, d'ailleurs à sa grande surprise, et mis ainsi en garde, par une élimination opportune, contre une germination bacillaire ultérieure, favorisée par les fatigues du service.

Au point de vue technique, je signale que, dans ce cas, deux inoculations parallèles avaient été pratiquées, l'une de 10 cm³ sans exclusion de sérum, l'autre de 80 cm³ avec exclusion du sérum : la seconde fut seule positive.

Ces recherches seront poursuivies sur une plus grande échelle; on a pu voir combien les résultats recueillis chez l'animal tuberculeux sont encourageants. Quant aux deux cas humains positifs, l'un au moins a été entouré de circonstances qui mettent bien en relief la portée pratique de la méthode.

M. ANDRÉ.
(Toulouse).

LA CONTAGIOSITE DU DIABÈTE.

614.5 : 616.631

3 Août.

On sait que la contagiosité du diabète est défendue par plusieurs auteurs, notamment par M. le Pr Teissier (Lyon). L'éminent clinicien a cité deux cas de personnes devenues diabétiques, sans avoir eu d'antécédents héréditaires ou personnels expliquant leur affection. Il incrimine comme vecteur de contagion le linge de corps ou de table souillé par la salive ou l'urine. Les Prs Charrier et V. Marie concluent dans le même sens. Il y aurait donc lieu de veiller sur la santé des personnes qui vivent avec les diabétiques.

Est-on autorisé à admettre le diabète conjugal? Certains observateurs dignes de foi, MM. Debove, Schmitz, Déléage, Martinet, Hutinel, etc., croient à la réalité de cette modalité du diabète. Faut-il invoquer des microbes d'infection d'origine buccale, ou tout simplement la similitude des conditions d'hygiène chez des conjoints prédisposés? Il faut bien l'avouer, certains faits réellement déconcertants, tendent à faire accepter comme facteur étiologique une infection microbienne. Les observations de M. Debove, au nombre de cinq, paraissent à ce point de vue, fort vraisemblables. Les cas de M. Teissier seraient encore plus admissibles, si je m'en rapporte à ceux que j'ai eu l'occasion d'étudier, il y a quelques mois à peine.

Vers la fin du mois de décembre 1909, ou m'avait signalé une petite épidémie de diabète infantile dans une commune importante de notre région. Le mot d'épidémie était, à mon avis, impropre, mais l'apparition presque simultanée de 5 cas de cette infection avait ému la population et on pouvait redouter l'extension du fléau.

Je crois utile de résumer brièvement le tableau clinique présenté par chacun de ces enfants.

La famille A a eu à déplorer la mort d'un petit garçon âgé de 7 ans. Des symptômes alarmants avaient pris naissance, 2 ans auparavant. En août et septembre 1908, soif intense, amaigrissement extraordinaire. Un confrère distingué n'eut pas de peine à diagnostiquer un diabète infantile et put, grâce à une médication rationnelle, abaisser à o la quantité de sucre qui, primitivement, était de 58 gr par litre. En avril 1909 retour offensif du mal et apparition de l'acétone (0,28 gr par litre). Les phénomènes ultérieurs ne furent pas constitués par du coma, mais par des phénomènes violents de péritonisme.

Famille B. — Une fillette de 6 ans, avait succombé en juillet 1903, date à retenir, d'une manière presque foudroyante, après une maladie de trois jours. L'analyse des urines n'avait pu être faite que deux jours avant la mort, le médecin n'ayant été appelé qu'en ce moment. Les symptômes révélateurs. avaient consisté en une soif intense et un amaigrissement des plus rapides. L'haleine de la petite malade rappelait celle de la pomme reinette (acétone)· Comme dans le cas précédent, les phénomènes ultimes avaient consisté en violentes douleurs abdominales, sans coma.

Le frère de la victime, décédé le 20 décembre 1904, à l'âge de 12 ans et demi, avait pu résister pendant 18 mois, grâce à des soins incessants. Il y avait eu jusqu'à 417 g de sucre par litre d'urine. Les symptômes terminaux furent encore abdominaux. Le jeune garçon avait subi une morsure profonde du mollet par un chien non enragé. Sa sœur avait éprouvé, dans cette circonstance, une émotion des plus violentes et deux mois après, elle succombait. Dans l'entourage et même dans la pensée de deux confrères, le choc moral aurait été la cause déterminante du diabète. La même perturbation psychique fut invoquée aussi pour le frère qui put résister pourtant jusqu'au 20 décembre 1904.

Famille C. — Fillette de 10 ans, décédée en mai 1909, après une maladie de 11 mois. Maximum de sucre, 173 g, 1,20 g d'acétone dans les dernières semaines. Les symptômes terminaux consistèrent en douleurs violentes dans le côté gauche de l'abdomen, avec vomissements, sans diarrhée et sans coma.

Famille D. — Cas de diabète infantile en traitement à l'époque où je pus me rendre dans le village (décembre 1909), C'était une fillette de 7 ans. Par un sentiment de convenance facile à comprendre, je ne m'adressai pas à la famille et j'obtins des renseignements par des voisins.

En résumé, il s'est produit dans la commune de X, de 1902 à 1909, 5 cas de diabète infantile dont 4 avec décès:

On peut grouper ces décès en deux catégories, les 2 premiers s'étant produits de 1902 à 1904; les 2 autres en 1909, avec par conséquent, un intervalle de 5 ans. S'agit-il là d'une épidémie à proprement parler? Cela est plus que discutable. Tout au plus pourrait-on songer à la contagion et c'est là un point sur lequel je reviendrai tout à l'heure. Mais avant d'aborder cette question, il convient de parler de l'état hygiénique de la commune. Je le ferai succinctement, car ce que je pus constater à ce point de vue à l'école du village et dans les maisons des petites victimes, c'est l'histoire de presque toutes les communes de la région. L'école est un ancien édifice, pompeusement appelé château, qui n'a pas été réparé depuis des années et qui, par conséquent, est manifestement insalubre. La cave est particulièrement malsaine et les deux puits sont très suspects, en raison d'infiltrations possibles par les fosses d'aisances. Pour le village lui-même, j'eus à signaler un ruisseau découvert infect qui traverse la moitié de la grande rue et se réfléchit à angle droit pour se déverser dans la rivière. Je ne veux pas insister, mais les cas de diabète infantile en question doivent-ils être imputés au mauvais état de l'école ou de la commune?

Je me garderais de soutenir une pareille affirmation.

Pour ne parler que de l'eau des puits, on n'a eu à déplorer ni fièvre typhoïde, ni infection intestinale banale. A relever aussi que, chez les adultes, le diabète n'a fait aucun ravage.

Je ne vois guère, en somme, que la contagion, chez des enfants spécialement prédisposés, qui puisse être incriminée. Et c'est très certainement à l'école que la contagion a dû se produire.

Comme mesures d'hygiène absolument indispensables, j'ai cru devoir conseiller la désinfection du linge de corps et de table, des ustensiles divers tels que cuillers, fourchettes, verres, peignes, brosses, etc. Il va sans dire que je considère aussi comme rigoureusement nécessaire, de désinfecter les chambres des petits défunts, ainsi que tout ce qui leur a servi, jusqu'aux livres, cahiers, plumes, etc. Il y a lieu encore de procéder aux réparations de l'école, des puits, de l'aqueduc, du ruisseau, etc. Des faits comme ceux dont il vient d'être question, sont plutôt rares et il convenait, je crois, de ne pas les passer sous silence. En vérité, chez les enfants, comme chez les adultes diabétiques, nous ne pensons peut-être pas assez à la sécurité de l'entourage. Je fais bon marché de mon hypothèse sur la contagion dans mes observations, mais on avouera que 5 cas de diabète infantile se produisant presque coup sur coup, dans une agglomération de quelques centaines d'habitants, cela donne à réfléchir et cela soulève une importante question d'hygiène préventive.

M. P. BÉZY,

Professeur de clinique infantile à la Faculté de Médecine (Toulouse).

LA TUBERCULOSE INFANTILE A TOULOUSE.

618.9 : 616.995 (44.86)

3 *Août*.

Peut-on établir le bilan de la tuberculose infantile dans une grande ville comme Toulouse?

Cela n'est pas possible; mais lorsque, pendant 20 ans, on s'est occupé d'un service d'enfants et d'œuvres philantropiques, on peut avoir des impressions, basées sur des faits nombreux et fréquemment renouvelés.

Ce sont ces impressions que je viens résumer ici sous cette formule : la mortalité par tuberculose infantile est importante à Toulouse; sa morbidité, très difficle à préciser, est beaucoup plus importante; les efforts, très louables, tentés contre ce fléau, sont insuffisants.

J'ai appelé à diverses reprises, soit à la Société de Médecine, soit dans les travaux de mes élèves, l'attention sur ces faits très importants. Je désire y revenir, en les complétant, aujourd'hui.

Si l'on s'en rapporte aux statistiques officielles, on voit la tubercuose tuer fréquemment l'adulte, moins fréquemment l'enfant. La raiso n est que si ce diagnostic est facile chez l'adulte, il l'est beaucoup moins chez l'enfant. Un *poitrinaire* meurt, le diagnostic est facile à établir. En revanche, combien de jeunes sujets devraient être étiquetés tuberculeux, qui disparaissent avec le diagnostic de méningite, bronchite, convulsions, coqueluche, broncho-pneumonie, etc.

Si donc je ne puis fournir des renseignements précis sur la mortalité, je puis apporter des impressions plus nettes sur la morbidité. Encore ces impressions varient-elles selon que je considère les chiffres ou les faits.

Si je considère les chiffres, je vois que mon service d'hôpital et le dispensaire annexe de la clinique ont hospitalisé ou traité aux consultations 25448 malades, de 1898 à 1910; sur ce nombre je ne trouve que 840 tuberculeux. Cela fait environ 5 %. Ce pourcentage varie peu d'une année à l'autre, malgré quelques oscillations.

Si je considère les faits, ce pourcentage me paraît absolument insuffisant; je l'ai dit ailleurs, et ma conviction s'accentue chaque jour.

Je viens soumettre cette conviction au Congrès; voici sur quoi elle est basée : il faut diviser les enfants tuberculeux en trois catégories, les non douteux, les suspects, les larvés. Les certains sont ceux qui forment ma statistique et pour lesquels le diagnostic clinique, vérifié ou non à l'autopsie, ne laisse aucun doute. Les suspects sont ces petits pâlots, amaigris, rétrécis du thorax, porteurs d'adénopathies à évolution lente et généralisées ; beaucoup d'entre eux sont classés parmi les prétuberculeux ou les candidats ; ils sont nombreux et beaucoup pourraient, je crois venir augmenter mon pourcentage. Ce qui me le fait soupçonner, c'est le nombre, que je crois assez grand, des larvés.

Il me paraît indispensable de m'arrêter un instant sur cette dernière catégorie qui comprend les jeunes sujets atteints de tuberculose, mais n'en présentant aucun signe. Je ne parle pas seulement de ces formes aiguës, de ces bronchites à répétition décrites par Landouzy et par ses élèves, surtout Aviragnet et Queyrat, non plus que de la forme apyrétique des nourrissons, décrite par Marfan, ni de ces formes amygdaliennes, si difficiles à déceler.

Je parle de faits que j'ai pu contrôler par l'autopsie, et dont voici quelques exemples :

Un enfant d'un an, atteint de dyspepsie des nourrissons par alimentation vicieuse et ayant de la toux coqueluchoïde et de l'adénopathie généralisée, meurt subitement ; à l'autopsie, compression bronchique par une adénopathie trachéo-bronchique, ce qui n'a rien de surprenant ; mais, en même temps, tuberculose mésentérique très étendue et ancienne. — Plusieurs enfants ayant des symptômes de tumeur cérébrale présentent, à l'autopsie, des turberculomes. — Grippe, mort. A l'autopsie, granulie et vieux foyers caséeux. — Athrepsie, tuberculose ganglionnaire. — Diarrhée verte ; tuberculose des ganglions mésentériques et du pancréas. — Enfant de trois mois conduite pour muguet ; mort rapide ; granulations dans les deux poumons, et caverne, dans un des sommets, de la grosseur d'une noisette. Après enquête, nous apprenons qu'il y aurait eu, quelques jours auparavant, de la toux coqueluchoïde. J'insiste sur la rareté des cavernes à cet âge. — Dyspepsie des nourissons, granulations, appendicite tuberculeuse.

Voilà donc une série de jeunes sujets dont le genre de mort aurait été étiqueté : tumeur cérébrale, grippe, athrepsie, diarrhée verte, dyspepsie des nourrissons, muguet, et qui en réalité devaient venir augmenter le pourcentage de mes tuberculeux.

De combien ce pourcentage serait-il augmenté si toutes les autopsies étaient faites? C'est la question que je me pose avec terreur étant donnés les résultats que nous avons constatés dans un milieu où il ne nous est que très rarement possible d'en pratiquer.

Mais si cette suspicion s'applique à beaucoup de sujets, dans quelle proportion s'applique-t-elle à la coqueluche ? Combien d'enfants meurent de cette affection avec le diagnostic de coqueluche ou de broncho-pneumonie, qui sont des tuberculeux? Dans une autopsie toute récente, j'ai trouvé une granulie, chez un coquelucheux qui, de son vivant, avait présenté les signes classiques de la broncho-pneumonie. Nous avons récemment relevé, à la Société de Médecine de Toulouse, trente décès par coqueluche en trois mois ; plusieurs de ces cas ne méritaient-ils pas plutôt l'étiquette de tuberculose? Je ne sais, mais il me paraît important d'appeler l'attention sur ce point, et je crains que, si de plus nombreuses autopsies étaient pratiquées, plus nombreuses aussi seraient les surprises que je viens de signaler.

D'autres raisons militent en faveur de ces craintes relatives à la grande quantité de tuberculoses infantiles latentes. C'est la fréquence de la tuberculose chez les conscrits, son apparition dans certains cantons ruraux où elle était autrefois inconnue. Ce sont les hécatombes qui déciment ces familles, abandonnant follement la campagne pour venir chercher en ville des satisfactions, vite transformées en misère ou en vice. Combien en ai-je vu? En 1906, je rapportais, à la Société de Médecine de Toulouse, l'histoire d'une famille qui en deux ans avait perdu quatre personnes sur six qui composait le noyau familial; depuis lors j'ai su que la seconde génération avait déjà fourni une victime; je n'ai pas eu de nouvelles des autres.

Ces exemples sont fréquents, et contribuent à faire de Toulouse une ville où les décès l'emportent sur les naissances. Cet exode rural est dû aux nombreux travaux qui ont attiré des étrangers, soit pour l'embellissement de la ville, soit à la gare des chemins de fer du Midi. Il faut aussi voir une cause dans la facilité de relations due aux nombreuses voies ferrées qui, dans ces dernières années, ont relié la campagne à notre ville.

De tout ce qui précède je crois pouvoir, sinon affirmer, du moins soupçonner fortement que la tuberculose infantile larvée est beaucoup plus fréquente à Toulouse qu'on pourrait le croire, et il me paraît urgent de prendre des mesures pour vérifier ces craintes et combattre le fléau.

Je serai bref sur cette question de prophylaxie qui ne présente ici rien de bien particulier. Je tiens cependant à dire que de louables efforts ont été tentés, dans notre ville, pour enrayer le mal : création d'œuvres antituberculeuses, notamment d'une filiale de l'œuvre de Grancher, de la maison de Saint-Bertrand-de-Comminges où l'on envoie des prétuberculeux, colonies scolaires, jardins ouvriers, surveillance par la Ligue contre la mortalité infantile des logements abritant des nourrissons.

Par contre, on constate avec regret la facilité avec laquelle on assiste des étrangers qui méprisent la prévoyance et n'hésitent pas à tendre la main. Il est fâcheux aussi que les Pouvoirs publics n'accordent pas aux œuvres philantropiques les subsides suffisants, et que le public s'en désintéresse le plus souvent.

Je termine cette note par cette conclusion : Il y a à Toulouse beaucoup d'enfants atteints de tuberculoses larvées. Il serait grand temps que les pouvoirs publics et les particuliers s'inquiètent de cette grave question et appliquent à ce cas particulier la maxime générale : « Mieux vaut prévenir que traiter. »

M. R.-F. SIERRA.

(Santander).

TRAITEMENT DES DERMATOSES PAR LE RADIUM.

Recueil de Conférences faites par M. Masotti à l'Hôpital de la Charité.

615.849 : 616.5-994.5

Août.

Venu à Paris pour étudier la radiumthérapie appliquée au traitement des dermatoses, nous nous sommes adressé au Dr Masotti pour apprendre de lui ce traitement.

Il nous a donné tous les renseignements nécessaires dans des conférences à l'hôpital de la Charité.

Les guérisons que nous avons vu obtenir par lui dans des cas graves, où une autre thérapeutique aurait certainement échoué, nous ont donné le désir de recueillir et de publier ces conférences. Nous avons donc l'honneur de présenter au Congrès le recueil des conférences où nous avons cherché à être aussi clair que possible. La difficulté de la langue ne nous a pas permis de les publier en français et nous avons préféré les faire paraître en espagnol, notre langue maternelle.

Pour l'épithélioma le Dr Masotti les divise en épithélioma baso et spino-cellulaires; les premiers sont plus faciles à guérir. Parmi les spinocellulaires ce sont les épithéliomas végétants qui représentent un terrain plus favorable au radium. Parmi les méthodes composées il y en a une qui mérite toute notre attention pour la rapidité de la guérison, c'est le grattage préalable à l'application du radium. M. Masotti conseille aussi dans certains cas d'employer des appareils à tube : ces appareils peuvent pénétrer dans certains creux déterminés par l'épithélioma tandis qu'avec les appareils à sel collé cela serait difficile. Les méthodes employées par M. Masotti sont :

Méthode à séances longues, courtes, répétées, radiation partielle, totale, feu croisé, introduction des appareils dans la tumeur, etc.

Pour ce qui concerne les nævi vasculaires M. Masotti fait une classification qui se base sur la couleur, l'infiltration de la lésion. L'âge, selon lui, est une condition importante à considérer; chez les enfants les résultats obtenus qu'on obtient sont supérieurs à ceux obtenus chez les adultes.

Ici se manifeste d'une façon incontestable la supériorité du radium. Sur les nævi pigmentaires les résultats qu'on obtient par le radium sont aussi beaux que ceux obtenus sur les nævi vasculaires; il faut reconnaître que le radium donne des résultats vraiment remarquables. Même au point de vue des nævi pigmentaires le Dr Masotti distingue ceux qui ne sont pas très colorés de ceux qui sont au contraire fortement pigmentés et plans : enfin les verruqueux.

Les deux premières catégories sont justiciables d'un traitement moins énergique que les derniers où il faut employer des séances de 4 heures pour arriver à la guérison. Les grains de beauté disparaissent en une seule séance. Les nævi pigmentaires plans et les verrues doivent être traités avec tout le rayonnement. Les chéloïdes représentent également un terrain très favorable au traitement par le radium. La distinction en *chéloïde molle et vascularisée* et en *cicatrice vicieuse sclerosée* s'impose par le fait que la première guérit plus facilement. Voici donc 3 affections : épithéliomas, nævi et chéloïdes qui bénéficient considérablement du traitement par le radium.

Dans notre recueil nous avons inclus plusieurs photographies de malades avant et après le traitement. La plupart de ces malades ont été photographiés au laboratoire central de l'hôpital Saint-Louis, grâce à l'amabilité du Dr Gastou.

Nous passons ensuite à la description d'autres affections sur lesquelles le radium donne des résultats moins beaux mais cependant appréciables.

C'est d'abord le *lupus vulgaire*. Ici le radium donne des résultats qui ne sont pas très rapides si on l'emploie isolément. Mais M. Masotti emploie habituellement le *grattage* suivi d'application de radium. Cette méthode d'une efficacité et d'une rapidité incontestables est destinée à remplacer l'autre dont la technique a été déjà exposée par M. Masotti aux Congrès précédents de Clermont-Ferrand et Lille et qui consiste à faire précéder les applications de radium par des scarifications.

Nous traitons enfin des autres affections telles que l'eczéma, l'acné vulgaire, couperose, rhinophyma, etc. où l'on peut employer le radium avantageusement.

Dans ce Livre nous n'avons pas décrit tous les appareils employés par M. Masotti. En voici la description.

Appareil n° 1. — Appareil rectangulaire à sel collé sur plaque de métal par le vernis de Danne.

Surface		0$^{cm^3}$,06
Poids du sel		0^g,06
Activité		500 000
Rayonnement global extérieur	sans écran	53 000
	avec écran 2/10 Pb	6 300
	avec écran 5/10 Pb	4 200

Cette plaque, de grandes dimensions et de forme rectangulaire, permet assez souvent de traiter toute l'aire d'une lésion par une seule application.

Elle trouve son emploi dans les lésions étendues de la langue et de la paroi interne des joues (leucoplasie, épithélioma, lichen). Elle est indispensable dans certaines affections cutanées étendues (nævi, écrouelles chéloïdes, lupus, etc.), qui, en raison de leur grandeur, nécessitent une série d'applications dont la juxtaposition doit être parfaite pour ménager l'esthétique.

Le n° 1 de la figure 1 représente la partie active de l'appareil; le n° 1 *bis* est le dos de l'appareil avec le bouton qui sert à le poser et à le manier. On peut substituer à ce bouton toutes sortes de manches.

Appareil n° 2. — Appareil à sel de radium collé par le vernis de Danne sur *disque de métal*.

Dimension............... Diamètre...		$0^{cm^3},02$
Poids du sel............................		$0^g,04$
Activité............................		500000
Rayonnement global extérieur............		44000
Rayonnement partiel....................	α — 5 à 10 p. 100 β — 75 à 80 p. 100 γ — 15 p. 100	

Appareil n° 3. — Appareil à sel de radium collé *sur toile par le vernis de* Danne.

Dimension.................... Diamètre...		$0^{cm^3},02$
Poids du sel............................		$0^g,04$
Activité............................		500000
Rayonnement global extérieur............		300000
Rayonnement partiel....................	α 80 p. 100 β 18 p. 100 γ 2 à 3 p. 100	

Ces deux appareils n°s 2 et 3, circulaires et de dimensions plus petites que le n° 1, peuvent être utilisés dans la spécialité soit à l'extérieur (épithélioma, cancroïdes, lupus du nez), soit à l'intérieur pour des lésions des lèvres, des joues et de toutes les autres parties accessibles de la cavité buccale et de l'oro-pharynx.

De ces deux appareils, le premier est collé sur métal et le second sur toile. C'est à cause de leur mode de fabrication différente qu'ils extériorisent des rayonnements globaux et partiels tout à fait dissemblables, et cela malgré leur forme et leur superficie identiques, malgré aussi leur teneur équivalente en sel de radium. Le rayonnement extérieur du premier appareil est moins grand que celui du second parce que dans l'appareil n° 2 les grains de radium sont enfouis dans une masse de vernis relativement épaisse formant écran, tandis que dans l'appareil n° 3, les grains de radium sont collés *sur la toile* par une couche de vernis extrêmement légère comme une mince pellicule.

Appareil n° 4. — Appareil à sel de radium collé par le vernis de Danne sur disque de métal.

    Dimension...................... Diamètre...   0^{m},015
    Poids du sel...................................   0^{g},04
    Activité.......................................   500 000
    Rayonnement global extérieur..................   40 600
    Rayonnement partiel........................... $\begin{cases} \alpha & 0 \text{ p. } 100 \\ \beta & 30 \text{ p. } 100 \\ \gamma & 4 \text{ p. } 100 \end{cases}$

Cette petite plaque, de dimension réduite, peut être utilisée dans les lésions qui siègent à l'entrée des fosses nasales. C'est aussi son exiguïté qui la rend d'un maniement extrêmement facile à l'intérieur de la cavité buccale, au voisinage des piliers amygdaliens, de la base de la langue et du voile du palais, etc.

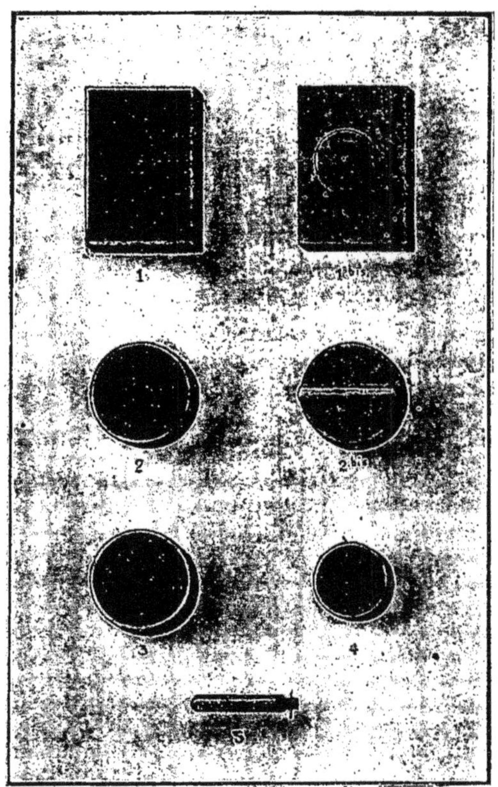

Fig. 1.

Appareil n° 5. — Appareil à sel de radium pur et libre dans un tube de Dominici.

    Longueur.......................................   0^{m},018
    Poids du sel...................................   0^{g},015
    Activité.......................................   2 000 000

Cet appareil est un tube d'argent contenant 0,01 centigramme de sel de radium pur à l'état libre. Sa petitesse le rend précieux pour le porter et le manier avec facilité dans les cavités naturelles de la face où dans les brèches opératoires. On peut voir dans le second cliché comment il est possible d'en modifier le dispositif pour des buts divers.

Appareil n° 6. — Cet appareil est le même tube de sel de radium pur que celui que nous venons de décrire précédemment. Il est monté ici sur une tige qui permet de le porter au loin dans les cavités et en particulier dans les parties supérieures des fosses nasales, soit pour traiter des tumeurs de la cloison, soit pour modifier la région où repullulent souvent d'une façon désespérante les myxomes enlevés au serre-nœud ou à la pince. Il peut être introduit dans les sinus maxillaires par une effraction alvéolaire ou bien à travers la paroi externe des fosses nasales, pour traiter une tumeur ou détruire des fongosités. De même, il est facile de le loger dans des trajets fistuleux ou dans le conduit auditif externe, pour calmer par exemple, du prurit eczémateux et modifier la région.

Le tube peut être nu ou au contraire introduit dans un cylindre de caoutchouc à parois plus ou moins épaisses, suivant l'espace libre dont on dispose dans la région à traiter.

Appareils 8 et 9. — Cet deux appareils ont été préconisés par Ricardo Botey pour faire des applications de radium dans le larynx.

Quelle que soit l'activité du radium employé, il paraît difficile qu'un malade, si bien anesthésié localement soit-il, puisse supporter le contact du radium assez longtemps pour que sa lésion soit guérie ou même modifiée.

Appareils 10 et 10 *bis.* — C'est en voyant la difficulté qu'il y a à porter du radium dans la cavité laryngée que le Dr Lagarde a eu l'idée de faire construire une canule à intubation spéciale. Cette canule ressemble comme aspect extérieur aux canules d'O'Dwyer. Elle en diffère par la partie supérieure qui est en argent estampé et qui est creuse comme un médaillon.

Les parois de cette tête ont une épaisseur de $\frac{3}{10}$ de millimètre; à l'intérieur sera placé le sel de radium dont la situation correspondra aux lésions à traiter.

Il semble *a priori* possible de faire tolérer à un malade bien anesthésié, et si les lésions du larynx le permettent, une canule ainsi agencée dont les parties radifères devront agir par filtration selon la méthode ultra-pénétrante de Dominici.

Dans le cas où le malade devra ou aura dû être trachéotomisé, cette intervention permettra peut-être de laisser la canule en place pendant tout le temps nécessaire pour une application utile, dans les grosses lésions inopérables du larynx.

Un appareil surtout nous a intéressé, c'est le troquart du Dr Masotti. Il est formé comme l'indique la figure 3 d'un troquart qu'on enfonce directement dans la tumeur; d'une canule qui sert pour faire sortir de l'extrémité l'appareil à radium qui reste ainsi en place accompagné

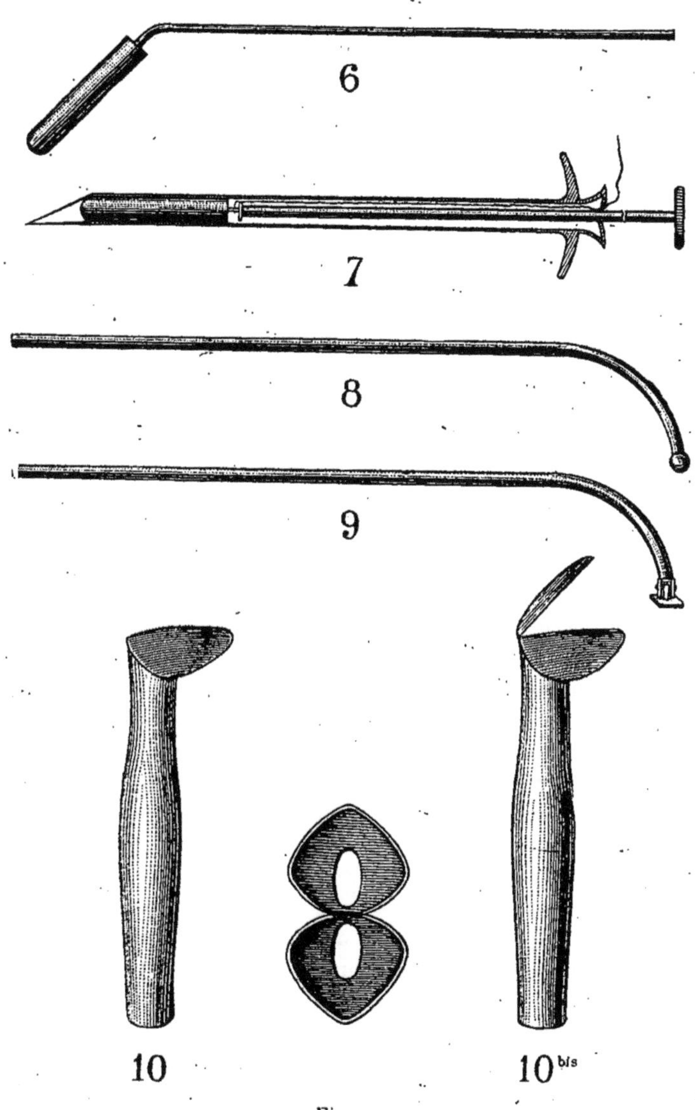

Fig. 2.

d'un fil en argent. Cet instrument est destiné à rendre beaucoup de services, non seulement aux malades atteints d'épithéliome, mais de cancers véritables, profonds, graves et dans les tumeurs à développement rapide comme le sarcome.

* * 5

ÉLECTRICITÉ MÉDICALE.

M. BERGONIÉ.

Professeur à la Faculté de Médecine (Bordeaux).

DE LA FARADISATION GÉNÉRALISÉE DANS LES CAS D'ATONIE.

615.844

2 *Août.*

La faradisation généralisée est aujourd'hui une méthode de traitement parfaitement définie et que j'ai eu l'occasion de décrire en faisant la démonstration des appareils nécessaires, dans la salle de l'Exposition. Si la faradisation généralisée est une méthode bien fixée aujourd'hui, ayant ses instruments de production de courant et d'application, le mot d'atonie est mal défini en médecine. Ces malades ne sont pourtant pas des anémiques, ils ne sont pas non plus des atrophiques, ni des neurasthéniques, encore moins des gastriques purs, mais ils ont tous ces symptômes réunis, chacun pouvant être dominant ou négligeable, suivant les cas. L'auteur cite deux observations parmi les très nombreuses qu'il a pu recueillir : dans l'une, il s'agit d'un homme jeune, déprimé psychiquement, ne pouvant faire un pas, à muscles très grêles, à poids décroissant lentement, considéré comme un tuberculeux incapable d'aucun travail, ni physique, ni intellectuel et qui, à la suite de la faradisation généralisée, provoquée tous les jours pendant trois mois, vit ses muscles revenir, son poids s'accroître lentement et progressivement, ses facultés cérébrales redevenir normales, et cela sans à-coup, sans aucun inconvénient.

Dans un autre cas, il s'agit d'une jeune fille chez laquelle la radioscopie avait fait diagnostiquer une dilatation de l'estomac, ayant elle aussi les muscles très diminués de volume, des tissus mous, des muqueuses décolorées, une inertie intellectuelle manifeste, avec un peu d'adénopathie cervicale, vite guérie par la radiothérapie. Cette jeune fille, au bout d'un mois de faradisation généralisée, avait repris un volume musculaire normal et son atonie, autant physique qu'intellectuelle, pouvait être considérée comme guérie.

Discussion. — M. Delherm : C'est avec intérêt que la section verra les nouveaux appareils pour la faradisation généralisée que la maison Gaiffe a exposés à Toulouse. Grâce aux efforts de M. Bergonié, cette nouvelle méthode, qui a donné déjà dans l'obésité de si intéressants résultats, pourra donner dans l'atonie des résultats identiques.

M. BERGONIÉ ET FRIMAUDEAU.

PREMIERS ESSAIS DE DIATHERMIE MÉDICALE.

615.846

2 Août.

Les applications de transthermie faites avec l'appareil de haute fréquence à interrupteur rotatif d'Arsonval-Ferrié, de la maison Gaiffe, ont porté sur les cas suivants :

Tabès chez une femme de soixante-cinq ans, chauffage de la moelle dorso-lombaire, huit séances à 12 milliampères en moyenne; électrodes nues en plomb. Résultats immédiats : abolition des crises gastriques et coliques.

Ankylose fibreuse du coude : chez une personne de quarante-quatre ans. Huit séances à 1300-1360 milliampères. Électrodes nues en plomb. Diminution de la raideur articulaire à la fin de chaque application.

Ankylose fibreuse de l'épaule droite chez un homme âgé et rhumatisant chronique. Six séances à 1900 milliampères au maximum. Abolition momentanée des douleurs.

Arthrite fibreuse du genou chez un homme de cinquante-cinq ans. Six séances à 1600 milliampères; effets analgésiques et diminution de la raideur.

Arthrite tuberculeuse ou évolution (poignet) chez un homme jeune. Quinze séances à 1900-2000 milliampères. Résultats peu appréciables, le malade va en chirurgie.

Hémo-hydarthrose du genou chez un jeune homme. Douze séances à 1200-1800 milliampères. Analgésie et diminution de la raideur articulaire.

Arthrite tuberculeuse ouverte du poignet chez une femme de soixante-trois ans. Diminution du gonflement, des douleurs, et arrêt de la suppuration.

Ces effets de la diathermie sont beaucoup moins beaux que ceux qui ont été publiés jusqu'ici, bien que la technique paraisse identique à celle des auteurs qui vantent la diathermie. Des recherches ultérieures, portant sur des cas moins graves, nous donneront peut-être de meilleurs résultats.

Discussion. — Les résultats des expériences de M. DELHERM sont d'accord avec ceux de MM. Bergonié et Frimaudeau. Dans cinq cas de sa pratique, il a eu un assez beau succès et les autres n'ont pas donné des résultats meilleurs que ceux que l'on peut obtenir par la galvanisation articulaire ou tout autre méthode.

MM. BERGONIÉ et FRIMAUDEAU.

TROIS CAS DE DIATHERMIE CHIRURGICALE.

615.84

2 Août.

Il s'agit, dans le premier cas, d'un épithélioma du nez, bourgeonnant, envahissant la joue, qui a été traité par la diathermie bipolaire et détruit par des applications de quelques secondes avec 4 ampères d'intensité. L'escharre s'est détachée après trois semaines et la cicatrisation s'est bien faite. Après trois mois, une rédicive se montre au niveau du maxillaire supérieur gauche.

Dans le second cas, il s'agit d'un squirrhe ulcère atrophique du sein, dans lequel on a fait, sous chloroforme, une séance de diathermie bipolaire avec des intensités de 3 et 4 ampères. La durée des applications était de quelques secondes, répétées sur toute la surface de la tumeur. L'escharre est tombée et la plaie est en bonne voie de cicatrisation. Il ne paraît pas y avoir récidive.

Le troisième cas se rapporte à un-homme atteint d'une ulcération tuberculeuse du pied, en forme de chou-fleur, ulcération sur laquelle la radiothérapie n'avait produit aucun effet. La diathermie bipolaire fut employée avec des intensités élevées; la tumeur fut détruite, mais au niveau du point le plus rétréci du bas de la jambe se montrèrent des phénomènes de coagulation des tissus qu'on n'attendait pas et qui ne s'amendèrent que lentement.

En résumé, la diathermie intensive bipolaire est capable de détruire des masses considérables de tissu néoplasique.

MM. MARIE et ESCANDE.
(Toulouse).

IMPORTANCE DES REPÈRES EN RADIOGRAPHIE ET STÉRÉOSCOPIQUE.

615.849

5 Août.

Nous employons les repères dans deux buts différents :
1º pour aider et faciliter la reconstitution stéréoscopique;
2º pour faire des mesures en stéréométrie.

Dans ce dernier cas, les repères sont toujours constitués par un corps très opaque (plomb ou platine) aussi petit que possible et de forme très irrégulière. On les place, soit sur la plaque photographique, ou tout au moins à une distance aussi faible que possible et connue de cette plaque, soit encore en des points bien déterminés de la surface de l'objet à radiographier, les points qui conviennent le mieux aux diverses mesures à réaliser. Ces repères stéréométriques ne représentent qu'un cas particulier de l'emploi des repères. Nous nous contenterons de les signaler ici, parce que nous ne voulons nous occuper que de radiographie stéréoscopique et non de stéréométrie.

Les repères destinés à faciliter la reconstitution stéréoscopique présentent un très grand intérêt pratique. Il est rare, en effet, qu'ils soient tout à fait inutiles; c'est seulement quand on s'adresse à des objets très hétérogènes et formés de parties constituantes d'opacité très inégale qu'on obtient une radio-reconstitution stéréoscopique facile sans risquer des illusions d'optique. C'est le cas de beaucoup de radiographies anatomiques surtout quand il y a des injections opaques dans les vaisseaux. La substance opaque qui remplit les vaisseaux constitue un ensemble de repères de formes très variées et situés dans des plans, tantôt superficiels, tantôt profonds, et qui se prêtent admirablement bien à la reconstitution stéréoscopique de l'objet avec ses rapports exacts. Il en est encore ainsi pour un nombre beaucoup plus limité de cas pathologiques; par exemple, les fractures compliquées de parties peu épaisses du corps, telles que pied, coude, mains etc. Les extrémités osseuses de formes variées, les esquilles osseuses disséminées dans différents plans facilitent la reconstitution et donnent sans difficultés un relief exact. Tel est aussi le cas d'un coup de feu à plombs. Les différents corps étrangers introduits dans la partie blessée s'étagent en hauteur sur diverses parties de la plaque et constituent des repères parfaits.

Les repères deviennent utiles dans presque toutes les applications cliniques de la radiographie stéréoscopique de précision, si l'on veut éviter complètement les illusions d'optiques. En effet, la netteté est toujours moins grande qu'en anatomie pour deux causes dont les effets s'ajoutent :

1º Immobilisation moins facile à obtenir;

2º Délimitation des différents tissus moins nette, surtout quand ces tissus sont infiltrés. Il en est ainsi pour les fractures simples ou les luxations peu marquées quand l'écartement des parties osseuses est faible et surtout quand cet écartement s'est produit dans un plan perpendiculaire au plan de la plaque. L'usage des repères, dans tous ces cas, permettra non seulement de reconstituer l'objet avec ses rapports normaux, mais aussi d'apprécier avec justesse les distances en profondeur des différents plans de l'objet. Cette détermination sera moins précise qu'en stéréométrie, puisqu'elle sera seulement le résultat d'une appréciation visuelle, mais elle sera presque toujours suffisante pour les besoins de la clinique.

Enfin, les repères deviennent indispensables quand il s'agit de reconstituer des parties du corps de forme régulière ou peu différenciées. C'est le cas, par exemple, de la partie supérieure du crâne. Cette région vient mal en stéréoscopie, ce qui est dû à ce que la voûte cranienne étant de courbure et d'épaisseur à peu près régulière et de forme fuyante, les yeux éprouvent de la difficulté à trouver dans les deux perspectives qui leur sont présentées les points correspondants dont la superposition doit assurer le relief. Ce relief peut être facilement faussé, quelles que soient les précautions que l'on ait prises pour l'obtention des deux clichés. Cette difficulté ne se présentera plus si l'on radiographie le crâne tout entier. Nous trouvons, en effet, dans la partie inférieure de la tête, des repères osseux de dimension, de forme et de profondeur variées (selle turcique, arcade zygomatique, maxillaires et dents qui y sont implantées, etc.). Ces éléments suffisent pour assurer le relief.

On pourrait citer aussi le cas des radiographies du thorax et de l'abdomen qui donnent lieu à des projections moins nettes que pour toutes les autres parties du corps et dont la reconstitution dans l'espace est souvent très difficile et même impossible. Dans les cas de ce genre, des repères appropriés disséminés sur toute la périphérie de l'objet permettent de réaliser une reconstitution régulière et exacte et, par suite, d'étendre à ces régions l'emploi constant de la stéréoscopie.

En résumé, ces repères aident à la reconstitution stéréoscopique parce qu'ils représentent des parties limitées et de forme très précise de l'espace. Ils ne sont pas nécessaires toutes les fois que la reconstitution stéréoscopique est facile et exacte et leur importance s'accroît à mesure que ces deux conditions sont moins réalisées et que les illusions d'optique peuvent se produire.

Choix de la matière première. — Il est de toute évidence qu'un repère doit être opaque aux rayons X. Nous nous sommes donc adressés aux métaux qui nous présentaient une échelle très étendue d'opacité croissante. La série suivante de métaux faciles à se procurer en fils de diverses grosseurs nous a toujours suffi pour tous les besoins de la pratique radiographique.

	Densité.	Équivalent de transparence.
Aluminium	2,60	20,6
Zinc	7,15	2,1
Cuivre recuit	8,92	2,5
Plomb	11,32	0,8
Platine	21,50	0,9

Les repères employés dans chaque cas particulier doivent avoir une transparence différente de celle qui correspond à la transparence totale de l'objet et des parties qui le constituent, mais sans que la différence soit trop grande. En effet, si la transparence du repère est sensiblement la même que celle de la région à radiographier, ce repère ne remplit plus son rôle, car il se laisse traverser par les rayons X avec la même facilité que les parties avoisinantes. Si, par contre, il est d'une opacité exagérée par rapport à la région considérée à radiographier, son ombre se reconstitue d'une manière trop brutale, trop crue et, dans l'examen des clichés négatifs, l'image de ce repère trop opaque se présente sous la forme d'une image trop brillante qui gêne pour l'examen des parties avoisinantes et surtout de celles qui sont placées suivant sa direction.

Pour les raisons mentionnées ci-dessus, on utilisera les repères d'aluminium pour la radiographie stéréoscopique de membres d'enfants, tant que l'épaisseur à traverser est minime et qu'on a affaire à des tissus encore cartilagineux.

Les repères de zinc et de cuivre recuit beaucoup plus opaques que les précédents seront utilisés pour les radiographies d'adultes tant que l'épaisseur n'est pas considérable. Ils seront tout désignés pour l'examen du pied, du coude, de l'avant-bras, etc. —

Quand l'épaisseur de la région est considérable, il faut se servir de repères en plomb ou en platine. Nous nous servons de ces repères pour la radiographie du crâne, du bassin, de la colonne vertébrale, etc.

Enfin, quand l'objet est d'épaisseur variable (radiographie d'ensemble de la tête et du cou), on doit employer des repères faits de métaux différents dont l'opacité soit en rapport avec l'épaisseur.

En résumé, on voit qu'il y a une relation constante entre le choix du repère et l'épaisseur de la région. Plus cette région est épaisse, plus il sera nécessaire d'avoir des rayons pénétrants pour obtenir une épreuve et par conséquent plus il faudra des repères d'opacité plus considérable.

Forme des repères. — La forme des repères ne doit pas être quelconque. Les repères linéaires donnent de mauvaises indications et risquent de produire des illusions d'optique parce que la reconstitution peut se faire avec des fils non correspondants, ce qui fausserait le relief.

La règle à suivre est d'employer des repères de forme aussi irrégulière que possible. Le choix des divers métaux énumérés plus haut et utilisés comme matière première est encore justifié par ce fait qu'ils prennent facilement la forme irrégulière que l'on désire. Ces fils devront être contournés plusieurs fois sur eux-mêmes et autant que possible inclinés dans différents plans de l'espace.

Nombre et dimensions des repères. — Il y a toujours intérêt à employer un nombre de repères en rapport avec les difficultés de reconstitution de l'objet. Plus la reconstitution est difficile, plus ce nombre doit être grand et il n'y a jamais d'inconvénient à l'exagérer. Cependant, pour éviter que ces repères ne masquent des parties sous-jacentes dont l'examen deviendrait difficile, il faut les employer de dimensions aussi réduites que possible.

Fixation des repères sur le sujet. — Nous fixons les repères sur le malade d'une manière très rapide et très sûre au moyen d'un peu de collodion qui immobilise presque instantanément le métal sur la peau du sujet. Les repères ainsi fixés sont très adhérents et sont, en même temps, faciles à enlever à la fin de l'opération, soit par simple arrachement ou, s'ils sont trop adhérents, en ajoutant un peu d'éther.

Il est évident que ces repères ne doivent pas être placés en des points quelconques de l'objet à radiographier. On doit les disposer de façon à ce qu'ils soient aussi rapprochés que possible des parties intéressantes que l'on veut mettre en évidence, tout en évitant de les masquer.

M. FOVEAU DE COURMELLES.

Délégué de la Société française d'Hygiène (Paris).

TRAITEMENT ÉLECTRIQUE DES NÉVRALGIES,

616.878.1+615.84

3 *Août.*

Combien fréquentes et tenaces les névralgies, bêtes noires des malades et des médecins ! Que de médicaments, que d'agents physiques, employés contre elles. C'est dire qu'aucun procédé de traitement n'est spécifique et qu'il faut connaître toute la pharmacopée, toute la physiothérapie, pour y recourir à l'occasion.

Le physiothérapeute ne voit, en général, que le névralgique ayant déjà essayé tous les médicaments possibles. La névralgie faciale, intercostale ou sciatique a résisté. Que faire alors? Sinon, de l'électricité, de la lumière, des rayons X, du radium. En ce congrès, à diverses reprises, je me suis occupé de la sédation de la douleur. Les moyens se sont multipliés et une rapide étude d'ensemble, de mise au point, me paraît indiquée.

Pour cela, il convient de passer en revue, toutes les modalités où l'électricité joue quelque rôle, soit comme agent de force motrice, de chaleur, de radiation, de phénomènes électrolytiques, révulsifs ou destructeurs.

L'électricité statique est la première en date. Dès le XVIIIe siècle, on l'employa en frictions, étincelles, effluves, encore usitées aujourd'hui; les frictions et les étincelles peuvent être gardées, bien que douloureuses mais efficaces pour les névralgies sciatiques ou intercostales, mais pour la face, ce serait un procédé dangereux, à cause du voisinage des yeux, l'effluve est préférable. J'en dirai autant, d'une modalité toute récente, la haute fréquence, qui peut s'employer sous les mêmes formes, et sur lesquelles je ferai les mêmes réserves. L'étincelle de haute fréquence a même pu réveiller des douleurs de zona que calmèrent ensuite la galvanisation (P.-Ch. Petit); je préfère, dans ces cas, la radiothérapie d'emblée qui sèche la manifestation cutanée et calme la douleur. Le Dr Alcide Treille, professeur de l'École d'Alger, a jadis publié son auto-observation à la *Société médicale des Praticiens.*

La galvanisation peut être employée par tous les praticiens, et c'est là un grand avantage, le matériel est peu encombrant et je le démontrai dans une leçon que voulut bien me faire faire, en son service de l'hôpital Beaujon, le 2 juin dernier, le professeur Albert Robin. Une boîte d'éléments de piles au bisulfate acide de mercure de 20 éléments est suffisante. S'il s'agit de la face, le courant devra être extrêmement constant, ne provoquer nullement de secousse qui réveillerait la douleur. On prendra une grande électrode positive, par suite calmante, bien moulée sur la région faciale douloureuse, feutre plastique ou épaisses couches d'ouate hydrophyle épousant bien la forme du visage et recouvertes de métal souple. On établira le courant lentement, progressivement, sans variations, et l'on pourra aller ainsi jusqu'à 5o milliampères. Le pôle négatif sera placé en pôle perdu. On peut imbiber l'électrode positive et active d'une substance calmante, morphine, cocaïne, comme, dès 1890, je l'ai préconisé sous le nom d'*électrolyse mécadimenteuse.* Il y a là une pénétration infinitésimale, mais réelle de corps doués de propriétés suractives, à l'état naissant, colloïdal peut-être, et restant quelque temps *in situ*, avant de se diffuser dans l'organisme. Cette ionisation, pénétration ionique, ou mieux *électrolyse médicamenteuse*, appellation que j'ai donnée en 1890 et à laquelle on revient, est indiscutable, puisqu'on trouve le médicament dans les urines, et que ses effets thérapeutiques se produisent.

Dans la névralgie sciatique, la galvanisation négative a donné au D^r Ch.-R. Dickson (de Toronto) des succès; l'électricité statique médiate et les courants de Morton ont réussi au D^r Ch. de Blois (de Trois-Rivières, Canada).

La faradisation, en quelque sorte un procédé homéopathique, puisque douloureux, *similia similibus...* a aussi été préconisée, mais les patients la repoussent en général, surtout pour la face.

Nous arrivons ainsi aux procédés récents : 1° les étincelles de haute fréquence souvent efficaces contre les névralgies intercostales et sciatique, en frictions, par dessus les vêtements, et les effluves, pour la face, nous l'avons dit; 2° les rayons de Rœntgen, très sédatifs, comme nous l'écrivions dès 1899; 3° la lumière bleue et ultra-violette et le radium, comme nous le disions à ce congrès, dès août 1903.

La radiothérapie doit, contre les névralgies, utiliser des doses faibles, et filtrer les rayons par la plaque d'aluminium reliée au sol, ainsi qu'on doit toujours le faire en radiothérapie, ainsi que je l'enseignai en mon cours libre de la Faculté de Médecine de Paris, dès mai 1897. La douleur cède en général, et je constatai le fait en radiographiant en 1899, par l'eudodiascopie, le maxillaire d'une patiente déjà deux fois opérée en 1884 et 1886 d'élongation, puis section du nerf facial, etc. en vain. Vingt minutes pour trois radiographies espacées la guérirent pendant cinq ans; ce laps de temps écoulé la malade revint faire dix séances de dix minutes et fut de nouveau guérie jusqu'à sa mort survenue à la suite de congestion pulmonaire, trois ans après !

La lumière bleue est sidérante du système nerveux en général, et les aliénistes le savent qui utilisèrent jadis les chambres bleues pour leurs déments excités; mon regretté ami le Dr A.-V. Minine, de Saint-Pétersbourg, en 1901, repréconisa la lumière bleue comme sédatif, mais lui-même en constata les irrégularités. Je pus personnellement faire l'observation suivante : une dame atteinte de névralgie faciale exposée à la lampe bleue de 50 bougies, la sentit s'exacerber. J'en cessai l'application, mais, de suite, lui appliquai sur le point le plus douloureux le compresseur de mon radiateur photothérapique; l'ultraviolet produisit une sédation immédiate. On ne peut alléguer ici la suggestion, car après l'échec de la lumière bleue que j'avais dite sédative, la patiente ne pouvait plus avoir grande confiance, et cependant elle fut soulagée immédiatement. L'action dura plusieurs heures dès cette première application de lumière ultra-violette, et, au bout de douze séances, la névralgie faciale avait complètement disparu.

Aussi, dès 1902, employant déjà le radium aux rayons α, β, γ, complexes et participant des rayons cathodiques, X, et lumineux, je pensai à une similitude d'action et en émis l'idée au Congrès d'électrologie et de radiologie de Berne; et ici, en 1903, j'y revenais avec des expériences démonstratives. Là, où les autres radiations ont échoué, le radium réussit le plus souvent. Je ne dirai pas qu'il est infaillible, rien, ne l'est du reste, mais dans ces névralgies faciales indomptables et tenaces comme il en est trop, il est bon de connaître un agent qui parfois les maîtrise, et le radium est souvent cet agent. Il faut être sûr de son radium par exemple, car la commercialisation, le monopole ou presque des sels radifères, exigent des garanties sérieuses, attendu que son prix de 600000 francs le gramme, sa rareté, sa difficulté de production, l'impossibilité actuelle d'avoir les pechblendes de Joachimstal, réservées à l'Institut autrichien, peuvent rendre les fraudes, faciles et lucratives. On s'est imaginé de louer le radium aux médecins, une « gardienne » ne le quitte pas, le praticien sait-il ce qu'il fait? Ne fait-il même pas ainsi de la médecine illégale, car son diplôme ne lui donne le droit que d'exercer « sous son propre contrôle » et ce contrôle n'existe plus ! N'est-ce pas un cas analogue à ceux des médecins recourant à des somnambules « médiums »? En outre, si le client est brûlé, le médecin sera cependant poursuivi comme responsable.

Je viens de parler de brûlures; c'est qu'en effet, rayons X et radium, peuvent brûler profondément, dangereusement, mortellement, et à longue échéance. Ce sont des agents très actifs que le médecin doit connaître et utiliser surtout dans ces névralgies rebelles dont nous parlons, mais avec quelle prudence?

Comme conclusions : l'inefficacité, la multiplicité des actions médica-
menteuses et physiothérapiques, implique sans doute des variétés multiples de névralgies que nous ne pouvons encore différencier; de là, la
nécessité de connaître et d'utiliser, par tâtonnements ou empirisme,
toutes les ressources thérapeutiques! Encore échouera-t-on parfois!
La suggestion et la vue des appareils même si grands que ceux de haute
fréquence, n'ont qu'une action relative en l'espèce. Ce sont bien des
transformations organiques locales, voire des modifications générales,
qui sont les agents de soulagement ou de guérison des névralgies, en
physiothérapie.

M. LE DR ROGER LABEAU.

Assistant de Radiologie à l'Hôpital Saint-André (Bordeaux).

DE LA NÉCESSITÉ DE VOIR LES TRAVÉES OSSEUSES DANS LES RADIOGRAPHIES POUR LE DIAGNOSTIC DES FRACTURES SANS DÉPLACEMENT.

615.849 : 617-754

3 Août.

Il arrive fréquemment et principalement dans le cas d'accident du
travail d'omettre, dans l'interprétation d'un cliché radiographique,
de signaler des fractures, et ce, parce qu'il n'y a pas de déplacement
dans aucun plan. Cela tient à ce que le cliché n'était pas suffisant,
cliché où l'on ne voyait par les travées osseuses. Ces prétendues erreurs
de la radiographie que certains chirurgiens se sont plu à nous reprocher
ne sont pas dues à des erreurs d'interprétation mais bien à de mauvais
clichés.

Un ouvrier âgé de 45 ans a reçu sur l'avant-bras un traumatisme occasionné
par la chute d'un sac lourdement chargé. Son médecin diagnostique une fracture du radius, la réduit et met un appareil de contention ad hoc sans avoir,
auparavant, demandé une radiographie.

La Compagnie d'Assurances, craignant probablement une entente du médecin
et de l'accidenté, envoie le blessé (sans avertir le médecin) chez un radiographe
qui fait une radiographie de l'avant-bras; je ne saurais vous dire dans quelles
conditions a opéré notre confrère; toujours est-il que la radiographie ne déce-
lait aucune lésion osseuse. Bien entendu, la Compagnie d'Assurances s'en prit
au médecin traitant qui, sûr de son diagnostic, demanda une seconde radiographie et m'envoya le blessé.

Je pratiquai la radiographie et trouvai une solution de continuité
dans les travées osseuses de l'extrémité inférieure de la tête du radius.
C'était la seule lésion apparente, il n'y avait pas le moindre déplacement;

la fracture était complète, fracture en coin de l'extrémité inférieure du radius côté externe; les deux fragments étaient parfaitement coaptés comme le montrèrent plusieurs clichés pris dans différentes positions. Seules les travées osseuses par leur solution de continuité décelaient la fracture.

Ce cas, joint à bien d'autres, doit montrer la nécessité de ne livrer que des clichés où tous les détails osseux apparaissent nettement, surtout lorsqu'il s'agit d'accident du travail.

M. Roger LABEAU.

RECHERCHES NOUVELLES SUR LA RADIOTHÉRAPIE DU TABÈS.

616.832.734 : 615.849

6 *Août.*

Depuis l'an dernier, époque à laquelle j'ai, au Congrès de Lille, présenté plusieurs malades tabétiques améliorés par la radiothérapie, j'ai eu à traiter, tant dans le service hospitalier du Pr Bergonié que dans mon cabinet, cinq malades atteints de tabès chez lesquels les effets de la thérapeutique avaient été vains.

Voici ces cinq observations :

Observation I. — Marie D., 44 ans, ménagère, vient me consulter au dispensaire pour des douleurs à type lancinant siégeant aux membres inférieurs.

Elle a été traitée, nous dit-elle, pour des rhumatismes et ce pendant longtemps et sans résultat.

Dans ses antécédents héréditaires, nous ne trouvons rien de particulier. Elle a eu quelques maladies de la première enfance, a été réglée à 12 ans, mariée à 20 ans, a eu 2 enfants dont l'un était mort-né, trois fausses couches; a probablement contracté la syphilis et a suivi un traitement régulier par les injections d'huile grise.

Depuis 4 ans environ, Marie D. éprouve dans les membres inférieurs des douleurs lancinantes survenant par crises, sans causes connues, tantôt diurnes, tantôt nocturnes, douleurs qui parfois la réveillent et l'obligent d'autres fois d'interrompre son travail.

A l'examen, nous nous trouvons en présence d'une femme robuste dont rien dans l'aspect extérieur ne décèle l'affection dont elle est atteinte. Rien de particulier du côté de la face, les pupilles sont égales, il n'y a pas de nystagmus.

Les membres supérieurs ne présentent pas d'amaigrissement; il n'y a pas d'arthropathie, pas de laxité ligamenteuse.

En recherchant les troubles moteurs, nous ne constatons rien d'anormal si nous faisons exécuter les mouvements habituels, les yeux ouverts; les yeux fermés, nous constatons à plusieurs reprises de l'incoordination du membre supérieur gauche, sans qu'il y ait néanmoins perte de la notion de position du membre. Du côté des membres inférieurs, l'incoordination n'apparaît également que les yeux fermés ; dans l'obscurité la malade hésite, titube. Elle ne peut marcher à reculons. La notion de position des membres est incertaine. Parfois la malade sait nous dire où l'on place son pied, tantôt elle se trompe grossièrement.

La sensibilité superficielle à la piqûre, au contact, au froid et à la chaleur est conservée; la sensibilité profonde est également normale pour les muscles, les os et les tendons, mais diminuée pour les yeux et la trachée. Les réflexes tendineux sont abolis tant les rotuliens que les achilléens; les réflexes pupillaires sont très faibles.

La malade ne présente aucun trouble thoracique ni abdominal, pas d'incontinence d'urine ni de matières fécales.

En somme, tabès au début, dont Marie D. ne se préoccuperait pas, n'étaient les douleurs dans les membres inférieurs.

Nous instituons immédiatement le traitement radiothérapique, au niveau du renflement lombaire de la moelle.

Dès les premières séances les phénomènes douloureux ont diminué d'intensité; après cinq expositions, la malade ne souffrait plus du tout.

L'amélioration des troubles moteurs a été moins rapide; néanmoins, les yeux fermés, la malade peut maintenant marcher à peu près régulièrement. Le traitement est continué.

Observation II. — Louis M., 51 ans, chaudronnier, se plaint depuis quelque temps de ne pouvoir continuer son métier. Il dit devenir maladroit ; quand il veut frapper avec son marteau qu'il tient de la main droite, sur un ciseau tenu de la main gauche, il manque souvent le but; il lui est arrivé de frapper sur ses doigts ou bien à côté du ciseau. Il se plaint de plus de douleurs en ceinture. Il a cru au début à des coliques et ne s'en est pas inquiété.

Nous ne trouvons rien de particulier dans ses antécédents personnels et héréditaires. Il nie avoir eu la syphilis. C'est à 6 mois environ que remontent les premiers symptômes de la maladie qui le conduit aujourd'hui auprès de nous.

A l'examen, nous nous trouvons en présence d'un homme vigoureux qui n'a fait aucun excès. Il ne présente pas de trouble du côté de la face, si ce n'est une légère inégalité pupillaire (à gauche plus grande qu'à droite); pas de nystagmus. Les membres supérieurs très musclés ne présentent pas d'arthropathie ni de laxité ligamenteuse. Comme troubles moteurs nous trouvons de l'incoordination, les yeux ouverts, particulièrement pour les grands mouvements (geste de frapper avec un marteau sur un clou...); cette incoordination s'accentue si l'on dit au sujet de fermer les yeux. Du côté des membres inférieurs dont les masses musculaires sont normales, l'incoordination est moins nette, bien qu'existant.

La marche à reculons les yeux fermés est impossible.

La notion de position des membres est conservée. La sensibilité à la piqûre, au contact, au froid et à la chaleur est conservée; la sensibilité profonde est également normale pour les muscles, les os, et les tendons.

Les réflexes tendineux rotuliens et achilléens sont abolis; les réflexes pupillaires sont nuls.

Du côté des organes thoraciques : bronchite chronique et emphysème datant de plusieurs années. Pour les autres organes essentiels rien de particulier à signaler: le malade ne présente pas d'incontinence d'urine ni de matières fécales; les érections sont conservées.

Le traitement radiothérapique appliqué dès le début au niveau de la moelle dorsale donne, dès les premières séances, un résultat appréciable; les douleurs en ceinture disparaissent après la septième séance,

L'incoordination s'est atténuée peu à peu. Après une dizaine de séances le malade a pu reprendre son travail. Aujourd'hui bien que pouvant exercer avec habileté son métier, il continue le traitement.

Observation III. — Jean F., cocher, 48 ans, se plaint d'éprouver de la gêne pour monter sur son siège, de ne pouvoir se guider dans la demi-obscurité, et de douleurs à type lancinant dans les membres inférieurs. Différents traitements antérieurs, parmi lesquels les médications par l'huile grise et le sirop de Gibert, ne lui ont procuré aucune amélioration. C'est un homme robuste et bien musclé dont rien dans l'aspect extérieur ne dénote l'affection dont il est atteint.

Le teint coloré, il ne présente aucune déviation de la face, n'a pas d'inégalité pupillaire, pas de déviation de la langue.

Du côté des membres inférieurs, nous ne trouvons, à l'examen, aucun trouble de la sensibilité.

Comme troubles moteurs, une légère incoordination à l'occasion des mouvements de large amplitude, les yeux fermés.

Les membres inférieurs ne sont le siège d'aucun trouble de la sensibilité; ils ne sont pas amaigris; il n'y a ni arthropathie ni laxité ligamenteuse. Les réflexes rotuliens et achilléens sont abolis.

L'examen des troubles moteurs décèle de l'incoordination très nette avec localisation fausse des membres inférieurs, particulièrement à droite. Le malade ne présente pas le signe de Romberg, mais la marche, les yeux fermés, est extrêmement pénible; il titube et, si l'on ne le retenait, se laisserait choir. La marche à reculons et en croisant les jambes, très pénible les yeux ouverts, est totalement impossible les yeux fermés.

Le malade a eu, à plusieurs reprises, de l'incontinence d'urine sans incontinence des matières fécales; les érections sont totalement perdues.

En somme, douleurs dans ses membres inférieurs, incoordinations des mouvements, abolition des réflexes.

Le traitement radiothérapique a été institué aussitôt. Après les trois premières séances, le malade se sentant mieux, nous a-t-il dit depuis, cesse le traitement. Il nous revient deux mois après, très inquiété par une nouvelle incontinence d'urine et bien décidé à suivre une médication régulière. Nous faisons six nouvelles applications de radiothérapie qui font disparaître les douleurs.

Il a, jusqu'à ce jour, subi une quinzaine d'applications, ne souffre plus, n'a plus d'incontinence d'urine, marche mieux. Les réflexes ne sont pas modifiés.

Il continue le traitement.

Observation IV. — Madeleine B., 52 ans, giletière; depuis de nombreuses années a constaté de la difficulté dans la marche, surtout, nous dit-elle, quand elle est restée longtemps assise; depuis quelques mois, elle se plaint d'éprouver des douleurs au niveau du thorax, douleurs qu'elle compare à celles qu'on ressentirait si l'on était pressé entre les deux parties d'un étau. D'autre part, elle devient moins habile pour l'exercice de son métier.

Elle a éprouvé d'abord de la gêne, ensuite une difficulté insurmontable pour enfiler une aiguille. Un oculiste consulté lui a ordonné des verres correcteurs, mais depuis, elle n'a pu, malgré ceux-ci, continuer sa profession.

A l'examen, nous nous trouvons en présence d'une femme chétive, aux traits émaciés, au faciès ridé. Elle ne présente ni inégalité pupillaire, ni nystagmus.

Les masses musculaires du thorax sont atrophiées, les membres sont amaigris, sans présenter toutefois de modification de l'excitabilité faradique.

La malade ne présente ni arthropathie, ni laxité ligamenteuse. Pas de troubles trophiques, pas de mal perforant.

La sensibilité superficielle et profonde au contact, à la piqûre, au froid et à la chaleur est conservée; la sensibilité épigastrique et mammaire est très diminuée.

Les réflexes oculaires et cornéens sont abolis; les tendineux (rotuliens et achilléens) très diminués. Les troubles du mouvement pour les membres supérieurs sont caractérisés par de l'incoordination à l'occasion des mouvements volontaires. Du côté des membres inférieurs, la malade présente le signe de Romberg, la marche les yeux fermés est très difficile; elle titube et l'on est obligé de la soutenir. La marche à reculons et en croisant les jambes est impossible.

L'incoordination des mouvements, le sujet étant étendu, est très nette. La notion de position des membres est totalement perdue.

Les douleurs spontanées au niveau du thorax effrayent beaucoup Mme B. et ne lui laissent maintenant aucun repos.

Le traitement radiothérapique amène, après huit séances, une diminution considérable de ces douleurs; après douze séances, elles ont complètement cessé.

En même temps, nous constatons une diminution de l'incoordination du côté des membres supérieurs, la malade peut reprendre son métier. Néanmoins elle suit régulièrement le traitement radiothérapique.

Observation V. — Victor F., 47 ans, jardinier, est, depuis plusieurs années, atteint de tabès. Divers traitements ont été essayés sans résultat. L'affection a évolué progressivement; les douleurs fulgurantes qu'il ressentait ont augmenté d'intensité. Il veut essayer de l'électricité, nous dit-il, un de ses voisins ayant été amélioré par cette médication.

C'est un homme paraissant beaucoup plus vieux que son âge, dont les antécédents sont passablement chargés. Nous notons dans ces derniers une syphilis contractée à 22 ans et soignée surtout depuis cinq ou six ans.

Alcoolique, il a présenté, il y a une dizaine d'années, des phénomènes de névrite des membres inférieurs qui ont longtemps persisté.

Aujourd'hui, nous nous trouvons en présence du tabétique classique avec perte des réflexes cornéens, achilléens, rotuliens, dont la sensibilité superficielle est conservée, mais la sensibilité profonde est abolie.

L'incoordination motrice est très nette pour les membres supérieurs et inférieurs; la notion de position des membres est totalement abolie.

Les douleurs qui d'abord apparurent dans les membres supérieurs et que le malade crut de même nature que celles qu'il avait ressenties quelques années auparavant (névrite éthylique) augmentèrent d'intensité. Puis, peu à peu, il éprouva le même phénomène douloureux dans les membres supérieurs et finalement au niveau de la ceinture. Ces douleurs, survenant sans cause connue, étaient tantôt diurnes, tantôt nocturnes. Rien ne pouvait les calmer. On dut à plusieurs reprises lui faire des injections de morphine.

Elles constituent un véritable supplice pour Victor F..., qui nous avoue avoir eu des idées de suicide, à plusieurs reprises, pendant la durée de ces crises qui parfois durent une heure.

Nous instituons un traitement radiothérapique qui, à bref délai (après six séances), nous donne un résultat sensible; les crises diminuent d'acuité, et sont plus espacées. Après 12 séances, elles ne surviennent que très rarement et sont peu intenses. A la 20e exposition, le malade est ravi, il ne souffre plus.

En même temps, il marche un peu mieux, l'incoordination des membres supérieurs devient moins apparente.

Depuis, nous avons fait plus de 30 séances. Les phénomènes ataxiques s'améliorent lentement.

En somme, les troubles moteurs que présentaient nos malades étaient toujours les mêmes bien que variant de gravité suivant l'individu. L'instabilité, l'ataxie étaient, en général, le symptôme dominant. Quelques troubles de la sensibilité tels que l'abolition de la sensibilité épigastrique et testiculaire; l'abolition des réflexes tendineux et oculaires; les douleurs fulgurantes, tantôt localisées aux membres, tantôt en ceinture, constituaient les phénomènes pathologiques dont se plaignaient ces malades.

Les traitements spécifiques, analgésiques, voire même la rééducation motrice, n'avaient donné aucun résultat. Le traitement radiothérapique a été appliqué chez ces malades d'une façon régulière, à raison de deux séances par semaine au début, d'une séance ensuite.

Chaque exposition était de 15 minutes avec $0^{mA},5$ d'intensité. Nous nous sommes servis de tubes Chabaud, moyen modèle, alimentés par une bobine ou un transformateur de Gaiffe.

L'anticathode était placée à environ 15 cm de la région irradiée. Celle-ci était alternativement le côté droit ou gauche de la colonne vertébrale.

Après un nombre de séances qui a varié bien entendu suivant les malades, mais que l'on peut établir entre cinq et huit, nous avons vu les phénomènes douloureux diminuer d'intensité et même disparaître tout à fait.

L'amélioration des troubles moteurs ne s'est malheureusement pas fait sentir aussi rapidement. Ce n'est que lentement, après de nombreuses applications que ceux-ci se sont amendés. On s'est d'abord aperçu que l'instabilité était moindre, que l'incoordination des mouvements allait s'atténuant.

Parmi ces malades deux ont subi un traitement de plus de six mois; les autres ont été soignés entre quatre et cinq mois. Les premiers ont à peu près supporté une trentaine d'applications, les seconds une vingtaine environ.

Mais tous ont tiré profit du traitement bien qu'à un degré différent. Ils en ont d'autant plus bénéficié que l'affection était moins ancienne.

En résumé : si le traitement radiothérapique n'a pas guéri complètement ces malades de l'affection dont ils étaient atteints depuis longtemps, il leur a du moins permis de reprendre leurs occupations et les a débarassés de douleurs qui avaient résisté à toute médication antérieure.

M. Roger LABEAU.

UN CAS D'ACNÉ BROMIQUE REBELLE, TRAITÉ PAR LA RADIOTHÉRAPIE.

616.526+615.849

6 Août.

L'acné, affection peu grave en elle-même, peut devenir gênante pour le sujet qui en est atteint, par la persistance de pustules sur certaines régions du corps.

C'est ce que nous avons observé chez Mlle V., âgée de 18 ans qui, à la suite d'une vive émotion, a présenté une crise nerveuse avec perte de connaissance et émission involontaire d'urines.

Le médecin consulté porta le diagnostic de mal comitial et institua un traitement bromuré qui fut suivi pendant cinq ans.

---

(1) Pour les autres renseignements de technique, consulter les *Archives d'électricité médicale,* 25 juin 1908 et les *Comptes rendus du Congrès de Lille,* août 1909.

A la suite de cette médication, les crises se sont espacées, mais la malade a constaté sur la face et sur la poitrine l'apparition de poussées boutonneuses. L'évolution des papules est lente et indolore, elles passent successivement par les différents stades habituels en laissant une cicatrice au niveau de laquelle le derme paraît plus épais.

Divers traitements (régime, levure de bière, glycérine, application de vaseline boriquée) institués pendant que la malade absorbait encore du bromure ne donnèrent aucun résultat.

Il y a quelques mois, l'état général le permettant, on supprima le traitement bromuré. On pensait ainsi faire disparaître également les poussées d'acné et pouvoir débarrasser Mlle V. de ces papules gênantes. Il n'en fut rien malheureusement. Malgré une médication judicieuse par l'arrhénal d'abord, par l'ichtyol ensuite, on n'obtint aucun résultat; les papules évoluaient toujours, il en apparaissait même de nouvelles.

C'est alors que la malade m'est adressée pour que j'institue un traitement électrique.

Le 9 mars 1910, je la vois pour la première fois. Cette jeune fille présentait, au niveau de la face et plus particulièrement de la joue gauche, une série de papules en voie d'évolution et de cicatrices de pustules anciennes donnant à la peau une coloration lie de vin.

Au toucher, la peau était rugueuse, épaisse.

Au niveau de la poitrine, le nombre des papules était encore beaucoup plus considérable, elles étaient même si voisines parfois que leur ensemble formait une véritable plaie. La peau était épaissie, à d'autres endroits et donnait au toucher la sensation de peau éléphantiasique.

J'appliquai immédiatement un traitement radiothérapique.

Les expositions ont duré dix minutes, avec une intensité d'un millampère. Les rayons employés étaient du 6-7 Benoist. La teinte B au Sabouraud n'a jamais été atteinte. La distance de la partie traitée était d'environ 20 cm.

Huit jours après la première séance, je constatais l'absence absolue de nouvelles papules. Celles qui existaient avant l'institution du traitement s'étaient arrêtées dans leur évolution.

Après 3 applications sur chaque région j'obtins la disparition complète des papules existantes et la peau commença à devenir plus souple et moins rugueuse au toucher, et ce particulièrement au niveau de la face.

Deux autres séances suffirent à rendre à la peau sa souplesse normale; au niveau de la poitrine, il a fallu sept séances pour obtenir le même résultat.

Je suis resté deux mois, sans revoir Mlle V., je l'ai rencontrée ces jours derniers; elle ne présente pour le moment aucune nouvelle papule. On peut donc la considérer comme guérie.

Sans vouloir appliquer le traitement radiothérapique à tous les cas d'acné qui cèdent habituellement aux médications ordinaires, on peut déduire de ce résultat obtenu que la radiothérapie est le traitement de choix pour l'acné rebelle.

Discussion : M. JULIEN. — Ayant eu à traiter cinq ou six cas de tabétiques non ataxiques, souffrant de douleurs fulgurantes et de douleurs en ceinture, j'ai constaté dans tous les cas la disparition ou l'atténuation des douleurs fulgurantes, mais seulement de celles-là. Dans un cas le malade se plaignait d'augmentation des douleurs en ceinture.

Dans le traitement radiothérapique du tabès, on doit irradier successivement les divers segments de la moelle. Cette méthode m'a donné d'excellents résultats dans les cas où la clinique ne peut fixer sur la hauteur de la lésion.

M. Roger LABEAU.

CONTRACTURE DES MASSÉTERS (¹) CONSÉCUTIVE A LA VOLTAÏSATION BIPOLAIRE (MÉTHODE DE DOYEN) ET GUÉRIE PAR L'APPLICATION DU COURANT CONTINU DE HAUTE INTENSITÉ.

617.526 : 615.846

6 Août.

Mme X..., âgée de cinquante-quatre ans, a été opérée en septembre dernier par le Dr Doyen pour une tumeur de la parotide du côté droit. L'électro-coagulation a été faite par la voie buccale, au moyen de l'électrode appropriée, la malade étant dans le décubitus dorsal sur une table métallique. Quand je vois Mme X... pour la première fois, en novembre 1909, elle présente de la contracture des masséters, contracture ne permettant aucun mouvement même-infime des maxillaires. On la nourrit au moyen d'une sonde que l'on a réussi à faire passer dans la bouche, grâce à l'absence d'une petite molaire.

Bien entendu, la malade parle très difficilement, c'est à peine si l'on peut la comprendre.

A l'examen, on ne trouve rien de particulier, pas de solution de continuité des maxillaires, l'articulation temporo-maxillaire ne semble pas modifiée, les masses des masséters ne sont pas atrophiées.

Avant d'instituer un traitement, nous nous sommes demandé quelle pouvait bien être la cause de cette constriction musculaire. Le facial aurait-il été détruit par l'électro-coagulation? Cette hypothèse paraissait peu vraisemblable étant donné que l'intersection était unilatérale et la contracture bilatérale. La myosite syphilitique, les gommes des masséters, les périostites et ostéo-périostites n'ont pas non plus retenu notre attention. Il n'y avait pas non plus d'accidents de dent de sagesse.

Ne serait-ce pas plutôt le traumatisme, le choc opératoire qui aurait produit cette constriction musculaire? Dans ce cas seulement, un traitement électrique pourrait donner un résultat satisfaisant.

(¹) *Bibliographie dentaire,* mai 1910.

Aussi commençons-nous, dès ce moment, l'application de courants continus. Nous utilisons deux électrodes en plomb auxquelles nous donnons la forme appropriée pour recouvrir intégralement, et seulement, les muscles masséters, tant à droite qu'à gauche. Nous débutons d'abord par une intensité faible 10 m. A. et progressivement, en moins de cinq minutes, nous atteignons 30 m. A. La séance de traitement dure 20 minutes, nous augmentons l'intensité toutes les cinq minutes de façon à obtenir 50 m A. pendant les cinq dernières.

Quand nous enlevons les électrodes, les parties traitées sont très chaudes et très rouges.

Nous traitons la malade trois fois par semaine. Au bout de 6 séances, nous constatons que Mme X... peut ouvrir légèrement la bouche, l'articulation temporo-maxillaire, tant à gauche qu'à droite, permet de petits mouvements, on comprend mieux la malade, lorsqu'elle cause. Nous lui conseillons de se servir d'un coin en bois muni de petites stries graduées qui permettront de mesurer le degré croissant d'ouverture de l'arcade dentaire.

A chaque nouvelle séance d'électrisation, l'amélioration augmente, si bien qu'à la 15e, c'est-à-dire cinq semaines après le début du traitement, Mme X... peut ouvrir à peu près complètement la bouche, peut mastiquer, parle facilement. A ce moment, nous pouvons passer le doigt dans la bouche pour examiner la tumeur qui, malheureusement, n'a pas été détruite complètement par l'électro-coagulation et qui récidive si nettement.

En résumé, l'application de courant continu à haute intensité est indiquée dans les contractions des masséters toutes les fois qu'il y a choc opératoire ou traumatisme, même dans le cas où la dilatation mécanique n'a donné aucun résultat positif.

M. H. BORDIER,

Agrégé à la Faculté de Médecine (Lyon).

INFLUENCE DE L'ORIENTATION DES FILTRES
PAR RAPPORT A LA DIRECTION DU FAISCEAU RÖNTGÉNIEN.

537.531.2 : 615.849

5 Août.

Pour bien comprendre les modifications apportées par un filtre sur le faisceau röntgénien incident et les variations de la qualité du faisceau émergent avec l'inclinaison de la lame filtrante sur l'axe du faisceau, il est indispensable de se rappeler les expériences de Gocht ([1]) et de moi-même ([2]), récemment confirmées par W. Kaye (*Arch. of the Röntgen Ray*, mai 1910, p. 381). Une ampoule radiogène à fort débit comme celles que nous employons en radiothérapie et à anticathode refroidie, émet un faisceau divergent de rayons, à partir de l'anticathode, mais l'énergie des rayons émis dans les différentes directions est loin d'avoir la même valeur : il existe une direction à effet röntgénien maximum, c'est-à-dire une direction suivant laquelle les méthodes quantitométriques indiquent l'existence d'effets biochimiques beaucoup plus marqués que dans les autres.

Cette direction, ainsi que nous l'avons indiqué, est située dans le plan médian (ou de symétrie) de l'ampoule et elle fait, avec la ligne des centres cathodo-anticathodiques, un angle d'environ 75°. Dans le plan médian, les effets dus aux rayons X varient *à partir de cette direction principale*, comme le cosinus de l'angle suivant lequel agissent les rayons.

C'est par rapport à cette direction principale de l'ampoule que l'orientation des filtres utilisés en radiothérapie doit être faite et soigneusement étudiée.

Lorsqu'il s'agit de filtrer les rayons X dirigés dans les tissus, il n'est pas indifférent de les filtrer avec un filtre de telle ou telle épaisseur, ainsi que l'a bien fait ressortir Guilleminot ; cette épaisseur de la lame filtrante doit varier aussi avec la qualité des rayons incidents.

Or, lorsque la lame filtrante est, comme le font beaucoup de radiothérapeutes, placée sur la région à irradier, après avoir été soigneusement reliée au sol, il peut arriver, si l'on n'y prend garde, que le filtre n'est pas perpendiculaire à la direction principale de l'ampoule. -

Dans ce cas, ce n'est plus l'épaisseur vraie du filtre qui intervient mais une tout autre épaisseur, plus grande et très variable.

Supposons une lame filtrante de 3 mm d'épaisseur : tant que cette lame reste normale à la direction principale de l'ampoule, véritable centre d'action des rayons agissants, ce filtre se comporte bien avec son épaisseur de 3 mm. Mais si la lame, pour une raison ou pour une autre, se trouve disposée obliquement et forme un angle x avec la direction principale de l'ampoule, le filtre n'aura plus 3 mm d'épaisseur ; celle-ci sera le produit de 3 mm par le sinus de l'angle x. Si $x = 42°$, la nouvelle épaisseur sera une fois et demie plus grande, c'est-à-dire 4,5 mm au lieu de 3 mm.

Pour un filtre de 1,5 mm faisant avec la direction principale de l'ampoule un angle de 44° ; l'épaisseur réellement traversée par le faisceau sera 2,25 mm, etc.

On voit donc qu'il faut bien distinguer entre l'épaisseur apparente

([1]) Congrès Röntgen de Berlin et *Archives of the Röntgen Ray*, février 1909.
([2]) H. BORDIER, *Technique radiothérapique* (Collection Léauté, p. 121 et suivantes).

et l'épaisseur réelle d'une lame filtrante‿et combien peuvent être grandes les variations suivant l'inclinaison de cette lame. Il convient de faire remarquer que l'angle d'inclinaison du filtre sur la direction principale de l'ampoule (et dont la trace doit toujours être marquée sur la paroi de l'ampoule) doit s'entendre comme étant l'angle formé par la direction principale avec une ligne tracée sur la lame filtrante et allant du sommet de l'angle au pied de la perpendiculaire abaissée d'un point quelconque de la direction principale (par exemple de l'anticathode) sur le filtre.

Des considérations qui précèdent, on peut tirer les conclusions suivantes : 1° Un filtre d'épaisseur *e* millimètre n'agira sur le faisceau incident avec son épaisseur vraie qu'à condition d'être disposé normalement à la direction principale de l'ampoule.

2° Avec un filtre donné, on peut obtenir des effets de filtration différents en donnant à la lame filtrante des inclinaisons connues sur la direction principale. C'est cette dernière conclusion que j'ai appliquée à la construction d'un nouveau radiochromomètre que je ferai connaître prochainement.

———

M. H. BORDIER.

———

LES EFFETS DE LA TEINTE IV DU CHROMORADIOMÈTRE
DANS LE TRAITEMENT DES ÉPITHÉLIOMAS DE LA FACE.

———

615.849 : 616.00 645+617.52

5 Août.

Parmi les teintes de virage du platinocyanure reproduites dans l'échelle chromométrique de mon chromoradiomètre, et correspondant chacune à des effets bio-chimiques bien déterminés, il en est une dont les effets sont tout à fait remarquables : c'est la teinte IV.

Dès 1906, (Congrès de l'Association française pour l'avancement des Sciences) j'ai montré des résultats qui ont paru surprendre les radiologistes présents; ce sont ces mêmes résultats que je tiens à bien mettre en évidence afin d'établir, une fois pour toutes, ce que peut donner une bonne technique basée sur l'emploi du chromoradiomètre décrit. (Archives d'Électricité médicales, 10 juin 1906).

Dans tous les épithéliomas, dont quelques-uns très avancés, que j'ai soumis à ma technique, la guérison a été obtenue après *une seule irradiation* à la teinte IV. La durée de la séance a varié entre 18 et 25 minutes, suivant la surface à traiter, c'est-à-dire suivant la distance à laquelle l'ampoule était éloignée des tissus. J'ai déjà indiqué la technique employée qui consiste à recouvrir la face d'une feuille de plomb dans laquelle a été pratiquée une ouverture de même forme que le placard épithéliomateux à irradier, mais *un peu plus grande* de deux ou trois millimètres dans tous les sens : une pastille est collée *sur le bord* de l'échancrure et l'irradiation, faite avec une ampoule à anticathode refroidie, est continuée jusqu'à ce que la pastille ait viré à la teinte IV, ce qui ne doit pas demander plus d'une vingtaine de minutes, je le répète, et à condition d'opérer dans une demi obscurité. Les localisateurs ne me paraissent pas donner une commodité aussi grande que l'emploi de l'ampoule nue et la feuille de plomb.

J'ai présenté à la Société Nationale de Médecine de Lyon, 20 juin 1910, les deux malades dont j'ai montré à la Section les photographies prises avant et après le traitement : l'une d'elle Mme R..., la plus âgée, avait sur la joue droite un épithélioma très étendu, ayant gagné le derme et dégageant l'odeur caractéristique du cancer ; vous voyez le résultat obtenu après une seule irradiation à la teinte IV, c'est-à-dire après absorption de 15 unités 1 de quantité.

Ce qui fait l'intérêt de cette guérison, c'est la série des traitements *radiothérapiques* subis par cette malade : un radiologiste de Paris avait fait 14 applications de rayons X sur cet épithélioma ; n'obtenant aucun résultat, après trois mois, il conseilla à la malade (dont le fils habite la banlieue de Lyon) d'avoir recours à un chirurgien,

« Puisque, disait-il, son mal était rebelle aux rayons X » (?).

C'est là un bel exemple de plus des différences observées dans les résultats thérapeutiques suivant la technique. Je ferai remarquer incidemment que cette différence des résultats est particulièrement frappante dans le traitement des fibromes, suivant la technique employée.

L'autre malade, Mme D, avait un épithélioma de l'angle externe de l'œil et de la tempe remontant à 16 ans ; elle avait été opérée à *deux reprises* successives par le D^r Ch. chirurgien : les récidives s'étaient montrées après six mois et dix-huit mois. La photographie permet, quoique moins bien que si l'on voyait la malade elle-même, de se rendre compte de la guérison obtenue après une seule irradiation à la teinte IV.

Outre les photographies que je possède, j'ai plusieurs cas des plus intéressants, guéris ainsi avec une seule application des rayons X. Je ne citerai que les deux cas suivants. Une femme Vin... de la Savoie vint en février 1907, me trouver pour un cancer de l'œil gauche ayant dévoré à peu près toute la paupière supérieure, la caroncule, et une partie de la paupière inférieure ; je fis, après protection de la face par une lame de plomb, une irradiation jusqu'à virage de la pastille à la teinte IV forte, La réaction s'opéra très bien ; les douleurs furent atténuées par une pommade à la cocaïne pure et l'aseptie fut entretenue par de l'eau bouillie additionnée d'eau oxygénée. Cette malade vint me revoir un an après elle était entièrement guérie ; ses paupières (ce qui en restait) se rejoignaient, l'œil étant fermé par du tissu cicatriciel exempt de toute trace d'épithélioma. Cette femme, dont j'ai eu des nouvelles par son médecin, était dans le même bon état en mai 1910, trois ans après l'unique irradiation. Je compte, d'ailleurs, présenter cette malade à la Société de Médecine de Lyon, en novembre prochain.

L'autre cas est celui d'un homme des environs de Lyon dont l'épithélioma du nez avait détruit toutes les parties molles; ses fosses nasales étaient béantes et l'odeur cancéreuse manifeste.

Je fis là aussi une irradiation avec la même technique que précédemment, c'est-à-dire jusqu'au virage du platinocyanure à la teinte IV. Cet homme est guéri depuis sept mois (février 1910); les parties épithéliomateuses sont remplacées par du tissu cicatriciel; toute odeur suspecte a disparu.

Comme on le voit par ce qui précède (et je regrette de n'avoir pas en plus grand nombre fait photographier mes malades) les effets de la teinte IV de mon chromoradiomètre sont des plus remarquables et fournissent des résultats qui laissent loin derrière eux les résultats dus aux autres procédés, bistouri et cautères. La récidive, je ne l'ai pas encore constatée, tandis qu'avec les autres méthodes elle est presque la règle.

Les autres procédés, thermo-cautère et galvano-cautère, ne réussissent pas mieux, à une certaine phase de l'épithélioma, à empêcher la récidive : je citerai seulement les deux cas suivants :

M. le capitaine C., atteint d'un épithélioma sur le nez, gros comme une pièce de 0 fr. 50 tout au plus, va consulter le D^r Th. à Paris, qui lui fait une pointe de feu en affirmant au malade que cela suffira à le guérir : j'ai vu ce malade cinq mois après sa cautérisation de Paris; une poussée de cellules épithéliomateuses récidive) s'était faite à la partie inférieure; d'autres paquets cellulaires, brunâtres, se voyaient à la périphérie de la cicatrice faite par la pointe de feu. Une irradiation à la teinte IV a guéri ce malade définitivement.

L'autre cas est relatif à une femme de Limoges venue à Lyon il y a deux ans pour un épithélioma de l'aile gauche du nez; le médecin consulté, le Dr C., la fit venir toutes les semaines pendant de longs mois à son cabinet pour lui faire des cautérisations au galvano-cautère. J'ai vu cette femme il y a quelques semaines, elle avait un trou béant capable de loger presque le poing. N'est-il pas dommage que le ou les médecins consultés aient ignoré les effets de la teinte IV ?

Pour terminer, je rappelle que la teinte IV correspond à 15 unités 1; c'est-à-dire que la quantité d'énergie röntgénienne amenant le virage du platino-cyanure à cette teinte est capable de mettre en liberté, d'une solution d'iodoforme dans le chloroforme (à 2 0/0), 15/10 de milligramme d'iode sur une section d'un centimètre carré, sous une épaisseur d'un centimètre et à l'abri de la lumière. Je tiens enfin à rapprocher des résultats qu'on vient de voir les critiques qui ont été adressées à mon chromoradiomètre.

On peut aujourd'hui, après cinq années d'expérience, reconnaitre que ces critiques étaient bien prématurées et que ce chromoradiomètre est encore, après cinq ans, le seul moyen de dosage permettant d'obtenir à coup sûr des guérisons comme celles que j'ai rapportées, après une seule séance. .

M. LAQUERRIÈRE

(Paris).

LA RADIOGRAPHIE DANS LES ACCIDENTS ET, EN PARTICULIER, DANS LES ACCIDENTS DU TRAVAIL.

331.823 : 616.001.0724

3 Août.

L'année dernière au Congrès de Lille, il y a eu une importante discussion sur les prétendues erreurs de la radiographie. Cette discussion malheureusement a été quelque peu confuse parce que personne n'avait apporté des documents. C'est pourquoi je me permets de vous présenter une série de radiogrammes, que je vais vous faire passer; la notice qui accompagne chacun d'eux, vous renseignera sur les conclusions qu'il comporte; mais je voudrais attirer votre attention sur quelques-uns d'une façon plus particulière.

Nous avions été l'année dernière un bon nombre à déclarer qu'il n'y avait comme erreur de la radiographie que ou bien des erreurs d'interprétation (le praticien tirant d'une épreuve des conclusions qu'elle ne comporte pas), ou bien des erreurs dues soit à l'insuffisance photographique du cliché soit à l'insuffisance du nombre des clichés. Accuser d'erreur la radiographie si l'on tire des conclusions d'une mauvaise épreuve, ce serait accuser l'auscultation d'erreur quand on ausculte pendant qu'une musique militaire passe sous vos fenêtres. Accuser la radiographie d'erreur quand on n'a qu'un seul cliché ce serait accuser l'auscultation d'erreur lorsqu'on ausculte un seul poumon.

Voici un cas qui me paraît typique à cet égard. Je suis appelé par mon ami le Dr Goujon (de Franconille) pour radiographier un garçonnet qui a une fracture de cuisse indéniable cliniquement et est déjà dans un appareil à extension continue. Le premier cliché, à première vue, ne semble indiquer aucune lésion : l'os est rectiligne, ses bords sont nets, sans aucune bavure, le canal médullaire est nettement visible, ses bords sont également bien nets et bien rectilignes. En aucun point, on n'observe de solution de continuité. Faut-il proclamer une erreur de la radiographie? Non, car, par un hasard heureux puisque je m'étais servi d'un appareil de petit volume c'est-à-dire de faible puissance, et qui avait roulé en fiacre, puis en chemin de fer, puis en automobile, la radiographie satisfaisante au point de vue photographique montre une région où sur une hauteur de 3 cm l'os est beaucoup plus noir. Si la radiographie avait été moins bonne, cette opacité n'aurait pas été visible et je n'aurais pas eu le droit de conclure; mais, grâce à cette opacité, je pouvais affirmer qu'il y avait une lésion; et, en effet, la radiographie du côté sain montrait un fémur de 3 cm plus long (c'est-à-dire juste la hauteur de l'opacité) que le fémur malade. Enfin, une radiographie faite avec une autre incidence montre très nettement les deux fragments du fémur brisé dont l'inférieur a glissé en arrière, en se superposant exactement sans déviation, au fragment supérieur.

Si j'avais déclaré que parce qu'il n'y avait pas de solution de continuité (cela a été dit l'année dernière par un maître éminent) il n'y avait pas de fracture, j'aurais fait une erreur d'interprétation nullement imputable aux rayons, car, et vous en avez là un exemple démonstratif, une fracture peut se traduire par tout autre chose que par une zone claire. Si j'avais nié la fracture parce qu'une mauvaise radiographie ne me permettait pas de voir l'opacité, l'erreur aurait été imputable non pas aux rayons, mais à moi qui aurais tiré des conclusions d'un document insuffisant. Enfin vous pourrez constater que la radiographie du côté sain, que la radiographie du côté malade avec une autre incidence sont venues nous donner des renseignements précieux que nous n'avons pas le droit de négliger.

Si j'insiste sur cette question, c'est qu'au nom de ces prétendues erreurs on laisse de côté beaucoup trop souvent l'emploi de la radiographie; si quelquefois elle n'est pas d'accord avec la clinique, on peut affirmer que lorsqu'elle est bien faite et bien interprétée, c'est elle qui a raison. La plupart des épreuves que je vous montre en sont la démonstration. Laissez-moi vous faire remarquer, en particulier, les suivantes :

Voici un accidenté du travail qui depuis 15 jours est dans un appareil plâtré pour fracture de l'avant-bras. Le médecin de la Compagnie d'assurance se basant sur la légèreté du traumatisme soutient qu'il n'y a pas fracture; le cliché montre en effet l'intégrité absolue du système osseux; il y a donc eu contusion simple et en tous cas il n'y a que des inconvénients à prolonger l'immobilisation.

Voici un autre accidenté du travail auquel on a fait subir une suture de l'olécrâne, 3 mois après il reste tout à fait impotent : la radiographie montre qu'on a méconnu une fracture de la cupule radiale qui détermine une infirmité définitive, il était donc bien inutile de faire l'opération.

Un blessé est soigné par deux médecins pour contusion de la hanche, puis pour névralgies consécutives. La Compagnie d'assurance fait faire la radiographie et l'on constate une fracture du col fémoral consolidée, etc.

Mais si la radiographie faite au début permet de faire un traitement plus rationnel, elle permet aussi, en nombre de cas, de corriger la clinique quand il s'agit d'évaluer l'infirmité définitive : j'appelle votre attention parmi bien d'autres sur les cas suivants :

Une dame a eu un petit accident de tramway six mois auparavant. Contusion banale en apparence et qu'elle a peu soignée; mais au moment où le tribunal doit régler le sinistre elle fait faire sa radiographie; je constate une écaille osseuse détachée du bord de la trochlée et de l'épitrochlée, en l'interrogeant j'apprends que depuis quelque temps elle a des fourmillements et des engourdissements dans les deux derniers doigts; elle n'y attache pas d'importance et n'établit aucun rapport entre ces phénomènes et l'accident. Je fais un certificat constatant une petite fracture du coude incomplètement consolidée et dont la consolidation peut entraîner des troubles sérieux du nerf cubital.

Un blessé du travail après une fracture du péroné qui paraît consolidée sans déformation bien sérieuse se plaint d'une grande impotence; la radiographie montre qu'il y a, en même temps, une fracture de la partie postérieure de l'astragale qui explique les troubles accusés et dont la constatation modifie notablement le taux de l'infirmité.

Un autre blessé du travail est traité pour fracture bimalléolaire des deux jambes; au moment de la consolidation, le médecin de l'assurance voit le blessé dans son lit, et se fiant au diagnostic établi, après avoir constaté l'état très satisfaisant des 2 malléoles des deux côtés, conclut à 15 % d'indemnité. Le blessé est présenté à un expert qui demande la radiographie; celle-ci montre l'intégrité de malléoles des 2 côtés, mais, par contre, un écrasement considérable des deux talons; l'expert demande alors 65 % qui sont accordés par le tribunal.

Pour conclure, je dirai seulement que c'est à tort que les chirurgiens recourent insuffisamment à la radiographie. En particulier, dans les accidents, d'une part, la radiographie précoce permettrait souvent d'obtenir des guérisons plus complètes, d'autre part, la radiographie tardive préciserait souvent d'une façon inattendue l'étendue des lésions consécutives.

MM. FABRE, BARJON et TRILLAT

(Lyon).

RADIOGRAPHIE DU FŒTUS IN UTERO SUR LE VIVANT.

616.072+618.53

1er Août.

Dès la découverte de Röntgen, on essaya d'appliquer les rayons X à la radiographie du fœtus. On expérimenta d'abord sur des utérus enlevés pendant la grossesse et conservés dans l'alcool. Les résultats parurent très satisfaisants et Varnier, dans une communication à l'Académie de Médecine, en mars 1896, concluait de ces expériences de laboratoire que les rayons de Röntgen traversaient aisément la paroi utérine et reproduisaient le squelette fœtal avec une grande netteté.

Des résultats analogues sont obtenus par Bénédikt sur des pièces fraîches d'utérus gravides enlevés au 7me et 8me mois.

Encouragés par ces succès, les auteurs font de nombreuses tentatives sur la femme enceinte, mais reconnaissent bien vite la difficulté du problème.

Davis radiographie une jeune fille enceinte de 8 mois et après une pose d'une heure n'obtient aucune visibilité fœtale. Oudin et Barthélemy en 1897; Mullerheim en 1898, Varnier en 1899 éprouvent les mêmes insuccés. Ce dernier auteur a cependant multiplié les expériences à l'infini, variant la longueur de la pose de 1 à 20 minutes, l'intensité du courant, l'énergie des transformateurs (bobines de 0m,25 à 0m,50 d'étincelle). Il conclut qu'à partir du 5e mois, l'utérus et son contenu donnent un voile mal limité, sans contours nets qui cache la paroi postérieure du pelvis et de la colonne. On ne trouve aucune trace de fœtus, on devine *avec les yeux de la foi* une pâle silhouette de la tête fœtale dans l'aire pelvienne.

Bouchacourt, en 1900, espère, en variant les attitudes, améliorer les résultats il plaça la femme dans le décubitus latéral et obtient à grand peine des fragments de squelette fœtal.

M. Fabre, en 1904, dans l'article *Radiographie fœtale* du *Traité de Radiologie* de Bouchard, après avoir résumé les insuccès que nous venons de rapporter pouvait écrire :

« Malgré le nombre, malgré la science des expérimentateurs, on n'a pu jusqu'à présent obtenir d'images fournies par le squelette fœtal sur le vivant ».

Dans ce même article, sont étudiées les conditions qui rendent la radiographie fœtale si difficile à obtenir : les mouvements du fœtus, les mouvements des organes maternels, l'épaisseur des tissus, la couche du sang circulant dans la paroi utérine et surtout la présence du liquide amniotique sur lequel les auteurs n'avaient pas encore insisté. Les conclusions en sont plutôt pessimistes :

« En employant des tubes très pénétrants et des temps de pose aussi courts que possible, on peut espérer profiter d'un instant d'immobilité fœtale et avoir une image du squelette, mais il semble difficile d'obtenir, en même temps, des images nettes du squelette fœtal et du squelette maternel. Il est en tous cas indispensable de mettre la femme dans le décubitus ventral pour diminuer au maximum la quantité du liquide interposé et les déformations dues à l'épaisseur des plans traversés ».

Les recherches sont cependant continuées avec ténacité au Laboratoire de la Clinique obstétricale de Lyon et, en mai 1907, M. Fabre montre à la Société de Chirurgie, 12 clichés de radiographie fœtale obtenus en position sur le ventre avec l'installation du laboratoire (bobine de 0m,50 ; interrupteur Schikelé-Maury; tubes Muller), Sur ces clichés le contour de la tête fœtale est aperçu avec netteté, on devine sur certains, des régions de squelette fœtal constitué surtout par les vertèbres lombaires. Sur deux d'entre eux on peut même apercevoir quelques uns des segments de membre: fémur et tibia. Contrairement à l'opinion émise trois ans auparavant, M. Fabre estime qu'il ne faut nullement considérer comme un coup de hasard ou un tour de force radiographique la visibilité du fœtus et du bassin de la mère pendant la grossesse. C'est une question de technique, de temps de pose, de qualité de rayons, c'est dans tous les cas un résultat pratiquement réalisable, dont nos efforts doivent seulement tendre à régler les conditions.

Depuis 1907, nous n'avons pu relever dans la littérature aucune publication nouvelle sur cette question. Dans le magnifique *Atlas de radiographie obstetricale* de Léopold paru en 1909, il n'est pas publié une seule planche de radiographie fœtale in utero.

Cependant il était indiqué d'appliquer à la radiographie fœtale les grands perfectionnements apportés à la technique par les nouveaux procédés de radiographie rapide. Nous avons tenté cette application et les résultats ont été si favorables qu'il nous a paru intéressant de vous présenter nos premiers essais.

Résultats. — Les radiographies que nous avons présentées à la Section ont été obtenues par M. Barjon à l'Hôpital de la Charité au moyen d'une technique spéciale sur laquelle nous reviendrons. Elles reproduiduisent avec une très grande netteté le squelette fœtal dans la plupart de ses détails.

Comme on peut le voir sur les clichés, le contour de la tête fœtale se détache avec une grande vigueur; on distingue même, sur certains, les cavités orbitaires et le maxillaire inférieur.

Les vertèbres cervicales, les vertèbres dorsales avec les côtes, les vertèbres lombaires pourraient être comptées facilement. Les os iliaques sont très visibles sous leur forme caractéristique d'accent circonflexe.

Mais ce qui est le plus remarquable, c'est la netteté des membres inférieurs : fémur, tibia et péroné qui se lisent avec facilité sur la plaque radiographique.

En un mot, on voit le fœtus dans tout son ensemble, se détachant nettement de l'image du bassin de la mère; on peut en déterminer facilement la présentation et la position.

Dans les deux radiographies de présentation du sommet que nous avons présentées, on voyait nettement le dos fœtal occuper les régions lombo-iliaques sur les côtés de la colonne vertébrale. De même, sur les deux radiographies de présentation du siège, on reconnaît sans peine la disposition classique du siège décomplété mode des fesses. Les membres inférieurs fortement fléchis au-devant de la région thoracique les pieds relevés au niveau de la face.

L'une de ces dernières radiographies nous a même permis de redresser les erreurs d'un palper difficile.

Par suite de la position sur le ventre, les os du fœtus sont peu déformés et l'on peut se rendre compte des dimensions approximatives du corps fœtal; on différencie sans peine le fœtus de 8 mois, d'un fœtus à terme sur les clichés.

Nous aurions voulu pouvoir vous présenter des radiographies de grossesse gémellaire, de grossesse avec hydramnios de grossesse de quelques mois, mais l'occasion ne s'en est pas encore présentée.

Comme vous pouvez le voir en comparant les radiographies obtenues en 1907 avec celles que nous vous apportons, le progrès réalisé a été considérable et l'on peut dire que la radiographie fœtale est entrée dans le domaine de la pratique.

Technique. — Il faut insister sur trois points principaux :

1° *Position de la femme.* — Toutes nos radiographies ont été faites dans le décubitus ventral. L'importance de cette position a été bien établie dans divers mémoires de M. Fabre, de M. Jarricot et dans la Thèse de M. Donnezan-Boccamy (Lyon 1906). Cette position est indispensable pour avoir une bonne projection du détroit supérieur et pour rendre possible la visibilité du promontoire sur la plaque. Elle rapproche, en outre, le fœtus de la plaque photographique et permet de mettre en évidence des portions de squelette fœtal qui resteraient complètement invisibles si la radiographie était faite dans le décubitus dorsal. Elle a l'inconvénient d'être douloureuse pour la femme et de rendre, par cela même, à peu près impossible les poses longues.

2° *Situation de l'ampoule.* — Le décubitus ventral exige comme complément indispensable pour avoir une bonne projection du bassin du détroit supérieur et du promontoire utilisable en obstétrique une position spéciale de l'ampoule. Il faut la placer en arrière de façon à ce que l'anticathode corresponde à une perpendiculaire tombant à environ 0^m,20 en arrière du pubis. On aggrave de ce fait beaucoup les difficultés de la radiographie parce que la distance de l'anticathode aux divers points de la plaque n'est plus homogène, mais varie dans d'assez grandes proportions d'un bord à l'autre (de 80 à 105 dans nos expériences). Ce qui aggrave encore la difficulté, c'est que l'épaisseur se trouve être la plus considérable justement dans les points les plus éloignés de l'anticathode.

Nous avons pu néanmoins vaincre toutes ces difficultés et obtenir de très bonnes épreuves.

En résumé, voici l'ensemble des difficultés que nous avons eu à surmonter : énorme épaisseur des tissus à traverser, faible développement et faible densité du squelette fœtal qui doit être rendu visible à travers la poche des eaux et le squelette de la mère; circulation sanguine très active dans les parois utérines et dans le placenta; difficulté d'immobilisation de la mère à cause des douleurs provoquées par le décubitus ventral; mobilité propre du fœtus dans l'utérus; grande distance de l'anticathode à la plaque et distance variable dans des proportions considérables (80 à 105) d'un bord à l'autre de la plaque; épaisseur plus grande à traverser à mesure qu'on s'éloigne de l'anticathode.

Ces dernières conditions, qui sont peut-être les plus défectueuses, ne peuvent être modifiées en raison des données obstétricales indispensables pour avoir une projection du bassin utilisable.

3° *Outillage et intensité.* Depuis quatre ans (1907-1910) que nous étudions cette question nos conditions matérielles d'installation ont beaucoup changé, ainsi du reste que les résultats obtenus. On peut distinguer quatre étapes successives.

Nous avons utilisé d'abord une installation sur courant continu : bobine de Radiguet de 0^m,50 d'étincelle, interrupteur autonome à mercure de Gaiffe. Dans ces conditions, nous n'obtenions qu'une faible intensité au secondaire 1,5 à 2 milliampères. Nous étions obligés de prolonger les poses : 8 à 10 minutes. Nous avons eu très peu de bonnes épreuves pendant cette période.

Nous avons utilisé ensuite un meuble de Gaiffe sur courant alternatif avec interrupteur à moteur synchrone Blondel-Gaiffe, transformateur Rochefort n° 2 avec double enroulement dans le primaire.

En intensité moyenne, 4 à 5 milliampères au secondaire, il nous fallait encore de 4 à 5 minutes de pose. Les résultats étaient déjà meillleurs, mais la pose était trop longue.

En intensif, avec 15 à 16 milliampères nous avons pu faire des poses beaucoup plus courtes, mais il fallait encore 30 à 35 secondes et si c'était parfait pour les patientes, c'était trop pour les ampoules dont les anticathodes étaient chaque fois endommagées. Nous avons alors essayé d'utiliser les écrans renforçateurs. Avec un écran Gebler-Folie nous avons pu réduire la pose à 5 secondes avec 12 milliampères au secondaire. C'est avec ce procédé que nous avons obtenu les meilleurs résultats et en particulier la visibilité des petites parties fœtales.

Les ampoules utilisées (Polyphos, Drissler, Burger, Gundelach) étaient toujours assez dures présentant une étincelle équivalente de 0^m,14 à 0^m,15 et donnant des rayons n° 8 Benoist.

La radiographie du fœtus in utero sur le vivant qui a été longtemps considérée comme une impossibilité est donc pratiquement réalisable et il est certain qu'elle sera obtenue encore plus vite et mieux avec des installations plus puissantes que celles dont nous disposons actuellement.

M. H. BORDIER.

REMARQUES SUR LE TRAITEMENT RADIOTHÉRAPIQUE DES FIBROMYOMES UTÉRINS.

618.14.00637+615.849

5 Août.

J'ai déjà publié deux Mémoires sur le traitement radiothérapique des fibromes de l'utérus, le premier au Congrès de Lille, août 1909, le second au Congrès international de Physiothérapie de 1910.

J'ai encore quelques remarques à faire, non pas sur la technique que j'ai mise au point (¹) et que je n'ai cessé de suivre depuis deux ans, mais sur certains détails de ce nouveau traitement des fibromes, sur ses indications, sur quelques phénomènes consécutifs aux irradiations et sur les résultats qu'on peut attendre suivant la technique employée.

La pratique de ce traitement m'a appris qu'on obtient avec lui des succès qu'aucune méthode médicale, électrique ou autre, n'a jamais donnés. Mais je m'empresse d'ajouter que si l'on suit une technique ne permettant pas d'introduire une quantité suffisante d'énergie röntgénienne, technique, par conséquent, mauvaise, on n'obtiendra pas plus avec le traitement radiothérapique qu'avec les autres procédés médicaux.

Les succès sont, *avec la technique que j'ai décrite* (dans l'intérêt des radiothérapeutes en général), tellement accusés qu'ils se traduisent souvent par le mot guérison, ou guérison clinique, du fibrome.

L'expérience que j'ai acquise dans ce traitement me permet aujourd'hui, ce que je ne pouvais pas encore faire il y a un an, de préciser les *indications* du traitement radiothérapique pratiqué d'après ma méthode, je ne cesserai de répéter que si l'on emploie une autre technique, les effets pourront différer beaucoup de ceux que j'ai obtenus; on ne peut pas parler du traitement radiothérapique des fibromes, comme on parle du traitement électrique des sciatiques, par exemple; la technique est ici tellement importante que c'est elle qui domine toute la thérapeutique röntgénienne des fibro-myomes.

Les cas les plus favorables, contrairement à ce que j'ai lu ou entendu dire, sont les *fibromes jeunes*, c'est-à-dire existant chez une femme, de n'importe quel âge, depuis peu de temps, cinq ans par exemple. En second lieu, les *fibromes saignant beaucoup* ou donnant lieu à de fortes *métrorragies* et de volume moyen. Dans ces deux catégories les résultats heureux du traitement radiothérapique peuvent être *affirmés* d'avance, la guérison *complète* ou la guérison clinique peut être escomptée; je veux dire que les pertes cesseront complètement, que la ménopause s'établira et que la tumeur se résorbera entièrement ou presque entièrement, laissant un utérus un peu plus gros que normalement, mais qui reviendra dans les mois suivants, à son volume à peu près normal.

Je puis dire que sur une douzaine de cas présentant les conditions cliniques énoncées, je n'ai pas eu un seul insuccès.

Les cas les moins favorables sont les fibromes vieux, ayant 15 ans, 20 ans d'existence; quoique portés par des malades âgées, ayant dépassé la cinquantaine et quoique la technique employée, permette la pénétration de doses très fortes de rayons X, ces fibromes n'arrivent pas à se résorber complètement : mais le traitement ne reste pas sans effet: on observe une diminution du volume du fibrome ; si celui-ci remontait

---

(¹) *Archives d'Électricité médicale,* 10 juin 1910.

vers l'estomac, empêchant l'ampliation stomacale pendant la digestion, après quelques séries d'irradiations, on constate que le fibrome est descendu de quelques travers de doigts, les digestions se font ensuite normalement. Quant aux pertes des malades de cette catégorie, elles peuvent disparaître complètement; il faut pour cela que les ovaires ne soient pas recouverts par une trop grosse masse de fibrome, ou bien surtout que les ovaires n'aient pas été déplacés ou basculés de telle façon que leur face antérieure, la seule intéressante pour la radiothérapie à cause de ses follicules de Graaf, ne soit pas retournée en dedans ou en arrière, rendant ainsi l'absorption des rayons X à peu près impossible.

Mais, quoique le volume du fibrome soit très grand, ce n'est pas une raison pour ne pas arriver à guérir, tout au moins cliniquement, les malades; il faut surtout que l'*âge du fibrome* ne soit pas trop avancé. J'ai déjà montré des croquis de malades ayant de très gros ventres et complètement guéries par ma technique. L'histoire suivante, qui est de date récente, mettra bien en évidence ces beaux résultats: Une demoiselle X*** ayant un très volumineux fibrome occupant les deux fosses illiaques, dépassant de trois travers de doigts l'ombilic, avait été obligée souvent, à cause des pertes très abondantes, de demander des congés au médecin de son administration, qui l'engageait à se faire opérer. Or, il y a quelques semaines, ce même médecin rencontrant Mlle X, lui dit : « Ah ! vous vous êtes donc décidée à suivre mon conseil ? Vous avez bien fait de vous faire opérer; voyez comme votre ventre est plat maintenant » — (?). Le fait est que cette personne est guérie et que c'est un de mes plus beaux succès.

Je dois indiquer un phénomène réflexe que j'ai observé assez fréquemment : lorsque le traitement est arrivé à la phase où les règles n'apparaissent plus que la ménopause commence par conséquent à s'établir, les irradiations latérales sur les ovaires amènent dans la soirée et dans la nuit qui suit des malaises que les malades traduisent très bien par l'expression de « mal au cœur ». Ce mal au cœur se dissipe très vite : le lendemain, il n'y en a plus trace.

Ce fait ne paraît pas avoir encore été signalé et je l'attribue à l'action des rayons sur la glande ovarienne. Quoiqu'il en soit, c'est un petit inconvénient du traitement, il ne se produit pas, d'ailleurs, chez toutes les femmes.

Un effet heureux du traitement radiothérapique à doses très fortes que je veux encore signaler, c'est la disparition des phénomènes douloureux accusés par les malades, soit spontanément, soit pendant la palpation bi-manuelle; j'ai vu des patientes qui souffraient beaucoup pendant l'examen du chirurgien, surtout quand celui-ci exerçait une pression un peu forte sur l'utérus fibromateux et qui n'accusaient plus la moindre douleur dans les mêmes conditions après deux séries d'irradiations seulement.

Telles sont les remarques qui m'ont été suggérées par une pratique déjà longue dans les applications des rayons X aux fibromyomes : j'ajouterai encore que l'importance de la technique est considérable dans ce traitement.

Cette technique doit les succès que je viens de mentionner rapidement à trois facteurs : 1° la *filtration* du faisceau avec des lames d'épaisseurs variables et convenablement choisies ; 2° la *mesure sous le filtre* de la dose de rayons ayant traversé la lame filtrante ; 3° la *qualité* des rayons émis par l'ampoule et dont le degré radiochromométrique atteint le n° 12 B. dans mes applications.

MM. DARBOIS et DELHERM.

A PROPOS DE QUELQUES CAS DE PARALYSIE OBSTÉTRICALE GRAVE.

618.51

2 *Août.*

Si l'on s'en rapporte aux affirmations des classiques, la paralysie obstétricale est une affection bénigne, de peu de durée, et dont, en général, il n'y a pas lieu de se préoccuper.

Ainsi que le remarque Broca ([1]), il est probable que les auteurs de cette affirmation sont tombés sur une heureuse série. En effet, contrairement à l'opinion courante, il faut savoir que le pronostic de paralysie obstétricale est aussi variable que celui de paralysie radiculaire traumatique.

M. Comby a rapporté le premier, en 1891, trois cas de paralysie radiculaire grave ; Guillemot, en 1898, a pu observer 12 cas qu'il a étudiés 15 à 20 ans après le début de l'affection et qui présentaient des troubles trophiques et moteurs très accusés.

Le fait que les paralysies obstétricales peuvent être bénignes ou graves implique l'obligation d'être fixé sur le pronostic. Si l'on se borne à l'examen clinique, il faut attendre la régression spontanée qui peut se produire au bout de quelque temps. Or, l'examen électrique seul peut, une dizaine de jours après le début, fixer le pronostic. S'il n'y a que du D. R. il y a des chances sérieuses pour que la guérison intervienne rapidement ; s'il y a D. R. le pronostic est à réserver.

Si la paralysie regresse à vue d'œil, on peut laisser faire la nature. Mais si elle ne regresse pas avec rapidité, il importe de soigner cette névrite traumatique comme n'importe quelle névrite.

([1]) *Gazette des Hôpitaux*, 3 avril 1900.

Il n'y a aucune contre-indication tirée de l'âge de l'enfant qui supporte très bien les applications électriques convenablement dosées.

Nous désirons montrer surtout par cette Communication que des paralysies obstétricales graves qui ne sont pas des plus rares peuvent être considérablement modifiées par un traitement électrique approprié.

Observation I. — Présentation du siège, décomplète méthode des fesses. Les bras étant défléchis, on a une très grande difficulté à les dégager et l'on est obligé de fracturer le bras inférieur gauche.

Dès lors, on peut attirer le bras en bas; l'enfant extraite au bout de 1 h 3o m d'efforts est à l'état de mort apparente et elle ne peut être ramenée à la vie qu'après une heure de soins. On immobilise le bras dans deux petites attelles de carton ouaté. Seize jours après l'accouchement, on constate l'absence de mouvements spontanés des muscles au membre supérieur, sauf quelques mouvements de flexion des doigts et de la main; le tout consécutif à la fracture de l'humérus gauche, au niveau de la torsion.

Il existe une hypoexcitabilité faradique et galvanique des extenseurs du radial et du biceps, le deltoïde se contracte normalement. A droite, le deltoïde, le biceps, le supinateur, etc., ne se contractent pas, les trois racines supérieures du plexus brachial sont paralysées. Inexcitabilité faradique du biceps et du supinateur. Hypoexcitabilité galvanique et faradique des autres muscles.

Le 29 décembre 1908, on a constitué un traitement composé de bains salés tous les deux jours, frictions, massages, mouvements passifs de la main, du bras et de l'avant-bras; courant continu 2 m. a., pendant 5 minutes, du centre de la périphérie du membre.

A partir de février, excitation des nerfs et des muscles, par le courant galvanique interrompu;

Le 7 mars, nouvel examen électrique;

A gauche, hypoexcitabilité galvanique et faradique de tous les muscles de l'avant-bras. A droite, hypoexcitabilité galvanique et faradique de tous les muscles de l'avant-bras, mais surtout de deltoïde, du biceps, du long supinateur et des extenseurs qui ne présentent pas de contraction faradique et qui se contractent lentement et mollement avec 2 m. a., au galvanique. On électrise chaque muscle séparément et l'amélioration se fait assez rapidement. Les mouvements spontanés deviennent de plus en plus nombreux, les mains perdent progressivement leur attitude de flexion.

En mai, tous les mouvements sont spontanément esquissés à gauche; à droite, l'extension de la main, la flexion de l'avant-bras sur le bras, les mouvements du deltoïde sont très incomplets.

Fin mai 1909, nouvel examen électrique.

Au faradique, tous les muscles se contractent avec hypoexcitatibilité. Au galvanique, également, mais l'hypoexcitabilité est assez légère.

En novembre, l'enfant fait spontanément tous les mouvements, seul l'extension de la main et de l'avant-bras sur le bras et les supinateurs sont incomplets.

L'enfant a été revue en 1910; elle est bien portante; tous les mouvements se font spontanément des deux côtés. Elle éprouve seulement une légère difficulté à placer la main droite derrière la tête.

La guérison est, en sommé, très complète.

Observation II. — Maurice J., accouché au forceps en novembre 1908.

Le membre supérieur droit examiné le 21 décembre est inerte, la main en flexion est déviée sur le bord cubital; les doigts seuls remuent. Hypoexcitabilité faradique et galvanique énormes, du deltoïde, du biceps, du triceps, du supinateur, des extenseurs.

Le traitement ne peut être commencé qu'au mois de Mars 1909 et l'enfant se trouve à ce moment dans le même état. Pendant trois mois, galvanisation ininterrompue, une grande électrode entre les épaules, un tampon au point moteur des nerfs et des muscles.

Un examen électrique pratiqué le 9 juin 1909, montre que rien n'a bougé depuis le précédent examen et l'on continue le traitement en juin et juillet 1909.

L'enfant commence à s'améliorer quelque peu; cette amélioration s'est accentuée pendant les vacances et en octobre on constate que les mouvements spontanés de flexion se font bien, mais les mouvements d'extension de la main, de l'avant-bras, et du bras seul sont nuls; les mouvements du deltoïde sont esquissés.

On fait des alternatives de traitement et de périodes de repos, et en avril 1910 les muscles commencent à se contracter faiblement, et puis d'une manière de plus en plus nette. Les mouvements du membre supérieur se font spontanément à l'exception de la supination qui est nulle et de l'extension qui est limitée.

L'exploration électrique montre, qu'il y a encore de l'hypoexcitabilité galvanique et faradique pour le deltoïde, le biceps, le triceps, les extenseurs; mais le supinateur ne se contracte ni au faradique, ni au galvanique, et le nerf radial, excité au niveau de la gouttière, de l'extension, mais pas dans le supinateur.

Observation III. — Marcel H., atteint, il y a deux ans et demi, a eu une paralysie obstétricale. On lui a fait des frictions, on lui a donné des bains salés et, au bout de 6 mois de ce traitement, il remuait à peine l'épaule.

On a commencé à ce moment, l'électricité faradique, et, depuis ce moment, il a été électrisé pendant un an et a fait des progrès.

Quand nous revoyons le malade, il a continué à faire des progrès pour les mouvements de l'épaule. Pas d'amélioration pour les muscles de l'avant-bras.

Nous voyons le malade pour la première fois en juin 1910. Nous faisons un examen électrique et nous constatons que le deltoïde se contracte au faradique et au galvanique d'une manière brusque avec une hypoexcitabilité considérable.

Le supinateur et les extenseurs des doigts paraissent surtout pris, ils ne répondent pas à l'excitation directe, mais ils répondent si l'on excite le nerf radial.

En juin et juillet, on a fait un traitement galvanique avec secousses, il y a eu continuation de l'amélioration pour les muscles de l'épaule, et, actuellement, l'enfant lève mieux son bras, mais la supination de l'extension des doigts ne se produit pas.

Observation IV. — F., est amené au mois de janvier pour une paralysie complète du bras gauche, suites de l'accouchement. Pour avoir l'enfant, on a été obligé d'exercer certaines manœuvres qui ont déterminé la fracture de la clavicule. Le bras est complètement inerte, seuls les fléchisseurs fonctionnent. Le muscle est excitable au galvanique.

Au faradique, le muscle est inexcitable; au galvanique, réaction brusque des divers muscles et nerfs.

Le traitement est suivi régulièrement et, dès la fin janvier, il y a des ébauches de mouvements dans le bras et dans l'épaule; ensuite le pouce commence à s'étendre.

En mars, le bras peut être levé au quatre cinquièmes de l'horizontal.

En mai, l'enfant porte presque la main à sa bouche.

En juin, arrive à sa bouche.

Enfin, la main demeurait presque toujours fermée; actuellement, elle peut s'ouvrir; on continue le traitement.

Conclusions. — Le terme de *paralysie obstétricale* est un terme qui correspond en clinique à des manifestations qui peuvent reconnaître des causes différentes qui amènent un traumatisme du plexus brachial. Tantôt il y a simple tiraillement, tantôt traumatisme plus grave par la simple traction exercée au moment de l'accouchement. Dans d'autres cas, il peut se produire des fractures, fracture de l'humérus ou fracture de la clavicule, comme dans deux de nos cas.

On conçoit donc que, en clinique, ces paralysies peuvent être très variables. Si les paralysies bénignes sont les plus fréquentes, il faut, par contre, considérer qu'il peut y avoir un certain nombre de cas de paralysies graves; et tous les intermédiaires entre ces deux extrêmes; et, nous estimons qu'on doit envisager au point de vue traitement, ces paralysies, dites obstétricales, exactement comme les paralysies traumatiques de l'adulte.

En présence d'un cas de paralysie obstétricale, il importe toujours de procéder à un électrodiagnostic précoce qui fixera sur la gravité de l'affection et son pronostic probable. S'il n'y a pas de troubles de la contractilité ou s'ils sont peu accusés, on peut attendre avant de commencer le traitement; car, c'est dans ces cas que se manifeste la régression spontanée.

Si, au bout de 3 semaines, il ne se produit pas de modification appréciable ou si les réactions électriques ont montré qu'il y a des troubles de la contractilité marqués, il faut instituer le traitement électrique. Ce traitement pourra consister surtout en courant galvanique sans interruptions.

Par la suite, on fera des secousses sur les différents muscles atteints, en se basant sur la tolérance du malade.

M. L. SCHATZKY,

Professeur agrégé à la Faculté de Médecine (Moscou),

ET

M. H. MARQUÈS,

Chef de Laboratoire des Cliniques à la Faculté de Médecine (Montpellier).

A PROPOS DE L'AUTOCONDUCTION.

615.846

3 *Août.*

De toutes les propriétés des courants de H. F., l'autoconduction est jusqu'à ce jour la moins éclaircie. Alors que les uns lui accordent de nombreuses propriétés physiologiques et thérapeutiques, beaucoup d'autres doutent même de son existence; et, malgré tout ce qui a été dit sur cette question, il est fort difficile de porter un jugement précis, même sur l'existence des phénomènes de l'autoconduction.

Il nous semble que la cause de ce doute provient du fait que la majorité des auteurs basent leurs conclusions directement sur leurs expériences physiologiques ou thérapeutiques.

Nous sommes d'avis qu'une telle méthode empirique peut être appliquée à l'étude des agents pharmacologiques (alcaloïdes, sels, éthers, etc.) comme à celle des différents produits de la thérapeutique animale (sérums, toxines, etc.).

L'action de pareils agents sur l'organisme animal peut se montrer dans des propriétés spécifiques très importantes, tandis que sur la matière pour ainsi dire morte, elle peut être nulle. Mais, quand il s'agit de l'action thérapeutique d'une énergie physique, il nous parait rationnel d'étudier avant tout les propriétés de cette énergie par rapport à ses actions sur la matière en général, vivante ou morte.

La qualité de la matière dans ces cas, n'influence point les propriétés physiques de l'énergie et ne modifie point les caractères de ses actions.

Une fois ces propriétés établies, nous connaissons les bases physiques de son action, et, nous pouvons ainsi prévoir avec grande probabilité ses effets physiologiques et thérapeutiques. Dans ce cas, non seulement il ne doit pas y avoir d'opinions diamétralement opposées; mais, il ne doit même pas exister de malentendus importants, puisque les bases du jugement sont précises et les mêmes pour tous ; car, pour l'étude de ces bases, il ne suffit pas des observations empiriques de l'action de ces courants sur les organismes sains ou malades, il faut, de plus, des expériences purement physiques et, c'est ce qui manque dans l'étude de l'autoconduction.

Parmi tous les travaux qui ont été publiés sur cette question, nous ne pouvons citer qu'une expérience physique exposée par M. d'Arsonval lui-même. Dans son article *Action physiologique et thérapeutique des courants de H. F. (Arch. d'électr. méd.*, 1897), cet auteur dit :

4° J'environne de deux ou trois tours de gros fil parcouru par la H. F., le réservoir d'un thermomètre à mercure ; en quelques secondes, nous arrivons à la température d'ébullition du mercure par induction.

Ayant reconnu toute l'importance de cette expérience, nous l'avons répétée et nous ne pouvons que confirmer sa réalité.

Pour cela, nous avons pris un thermomètre à mercure très sensible (thermomètre chimique) muni d'un réservoir très long, 5 cm; nous avons entouré ce réservoir d'un fil bien isolé parcouru par un courant de H. F. (par conséquent ce réservoir était placé dans un solénoïde) et la colonne de mercure s'est élevée lentement, dans l'espace de 15 à 20 secondes. Nous devons faire observer que le premier appareil imaginé par d'Arsonval et construit par Gaiffe est incomparablement plus énergique que les appareils modernes de la même fabrication.

L'ascension du mercure dans le thermomètre peut être le résultat soit de l'action de la chaleur irradiée dans l'air environnant le réservoir et provoquée par l'échauffement du fil à la suite du passage du courant; soit de la chaleur qui se développe dans le mercure lui-même et provoquée par le courant de self-induction.

Pour éclaircir cette question, nous avons isolé le réservoir par des corps mauvais conducteurs de la chaleur (coton, toile, bois, etc.), l'ascension du mercure se produisait tout de même. Il est donc évident que la chaleur développée dans le mercure dépend du courant de self-induction.

Pour plus de certitude, nous avons placé dans le même solénoïde un thermomètre chimique à alcool; il est toujours resté au même degré. Il est donc hors de doute que dans un métal placé dans un solénoïde parcouru par la H. F.; il se développe des courants de self-induction possédant toutes les propriétés physiques et chimiques propres à ces courants (dans notre cas, développement de la chaleur).

Nous avons voulu savoir si la distance entre les parois du solénoïde et le réservoir pouvait avoir une influence sur l'intensité de l'induction.

Pour cela, nous avons placé notre réservoir dans un solénoïde de 7 mm de diamètre appliqué bien exactement sur le réservoir; dans ces conditions et dans la durée d'une minute, l'ascension du mercure a été de 9 divisions.

Avec le même réservoir placé dans un solénoïde de 12 mm de diamètre, l'ascension n'a été dans le même temps que de 7 divisions et, avec un solénoïde de 17 mm, de 3 divisions. Par conséquent, avec l'augmentation du diamètre du solénoïde, l'intensité de la self-induction diminuait. Il faut en conclure qu'avec l'augmentation de la distance, les lignes de force diminuent leur capacité inductrice.

Ce fait n'est pas dépourvu d'une certaine importance pratique; il peut être envisagé comme une des raisons pour lesquelles le même solénoïde (*cœteris paribus*) possède une action différente sur les différents individus.

Pour rendre notre expérience physique aussi identique que possible à une expérience physiologique ou thérapeutique, nous avons placé le mercure dans un morceau d'intestin de veau. Nous avons réuni la paroi d'une extrémité de ce morceau d'intestin à un tube en verre avec prolongement capillaire. Après passage du courant, nous avons pu observer, comme dans le thermomètre, l'ascension de la colonne de mercure, mais beaucoup plus lente; par conséquent, le phénomène de self-induction se produit dans le mercure également et à travers les tissus animaux.

Il restait encore à étudier une question qui au fond est la plus importante :

Les phénomènes d'autoconduction se produisent-ils dans les solutions d'électrolytes aussi bien que dans le métal.

Si l'expérience nous prouve qu'il en est ainsi, l'action du solénoïde sur le corps animal ne peut être mise en doute, puisqu'un corps animal représente un conglomérat de différentes solutions d'électrolytes enfermés dans des récipients de différents tissus.

A cet effet, nous avons remplacé dans notre dernière expérience, le mercure par une solution concentrée de chlorure de sodium que nous avons colorée avec de la fuchsine pour faciliter l'observation.

Nous ne pouvons d'après les résultats de cette expérience formuler une opinion précise; il est vrai que nous avons observé quelques oscillations dans la colonne de liquide; mais ce fait n'était pas suffisamment net pour fournir une conclusion positive, de même que nous n'avons pas de raisons absolues pour une conclusion contraire ou négative.

La manière de disposer cette expérience est d'ailleurs très difficile et demande beaucoup de précision. Malheureusement nous n'avons eu ni assez de temps, ni assez de moyens pour l'accomplir *lega artis ;* aussi la réservons-nous pour des travaux ultérieurs, et quant à la question nous sommes forcés de la laisser sans solution précise. Signalons encore un fait qui nous paraît être d'une certaine importance. Si nous plaçons entre le solénoïde et le réservoir à mercure un cylindre métallique, nous obtenons une forte augmentation de l'intensité de l'autoconduction; l'ascension de la colonne de mercure, dans ces conditions, est deux ou trois fois plus grande dans la même unité de temps que sans ce cylindre.

Ceci nous suggère la possibilité d'établir une nouvelle méthode thérapeutique de darsonvalisation plus vigoureuse, générale et surtout locale. Ne pourrait-on pas entourer un segment de membre d'une feuille de métal et le placer ainsi dans un solénoïde de H. F. ? Peut-être obtiendrait-on ainsi une action thérapeutique plus énergique dans certaines affections locales.

M. H. MARQUÈS.

FURONCLES TRAITÉS PAR L'ION ZINC.

617.23 : 615.84

3 Août.

Dans le courant du mois de mars, j'ai eu l'occasion d'essayer l'introduction électrolytique de l'ion zinc sur un des malades du service d'électrothérapie, qui depuis quelque temps souffrait d'une poussée de furonculose de la nuque, contre laquelle tout l'arsenal thérapeutique habituel avait échoué.

Une épaisse couche de coton hydrophile, imprégné de chlorure de zinc à 2 % fut appliquée sur toute la région atteinte; au-dessus de ce coton fut placée une électrode en zinc reliée au pôle positif, le tout bien maintenu en place par un lien élastique convenablement serré autour du cou. L'électrode indifférente fut appliquée sur la main; l'intensité utilisée fut 20 mA pendant une demi-heure. Dès le lendemain de la séance, la douleur et le gonflement avaient disparu et les mouvements de la tête se faisaient sans difficulté. Le surlendemain, on fit une deuxième séance. Deux furoncles gros comme une noisette qui présentaient une évolution assez avancée rétrocédèrent et disparurent. Il ne s'en forma plus un seul à la nuque.

Quelque temps après, le même malade me fit voir sur la face antérieure de l'avant-bras gauche un furoncle gros comme un pois que je traitai par le même procédé. Après deux applications, ce furoncle disparut comme par enchantement, laissant une toute petite cicatrice.

Ce cas est particulièrement intéressant, car l'année précédente, le même malade avait eu, à l'avant-bras droit, dans une position absolument symétrique, un furoncle dont le début fut absolument identique, mais qui n'ayant pas été traité par l'ionisation continua son évolution et donna naissance à un véritable phlegmon qu'il fallut inciser.

J'ai pu comparer les deux cicatrices laissées par ces deux inflammations d'origine identique mais d'évolution différente : l'une, cicatrice opératoire assez longue en relief non vasculaire, l'autre toute petite circulaire, rose ressemblant à la trace que laisse une légère brûlure.

M. H. MARQUÈS

ET

M. C. JOURDAN,

Interne des Hôpitaux (Montpellier).

FRACTURE DE L'ISCHION.

611.7182 : 617.05

5 *Août.*

Les fractures isolées de l'ischion sont exceptionnelles. Les divers auteurs classiques les signalent sans y insister et renvoient tous au Traité de Malgaigne. Celui-ci n'a pu en réunir que 6 cas, et Tillmanns (Deutsche Chirurgie 1905) n'en rapporte aucun cas nouveau. Les documents radiographiques sur cette question manquent aussi totalement. Aussi avons-nous cru intéressant de rapporter ici l'épreuve radiographique et l'observation d'un malade qui présente une de ces fractures.

Ainsi qu'on a pu le voir sur l'épreuve radiographique, il s'agit de la 2e variété de fracture de l'ischion décrite par Malgaigne.

« Séparation de l'ischion tout entier en avant de la branche descendante du pubis, en avant de la cavité cotyloïde qui reste intacte ».

Voici d'ailleurs l'observation du malade.

A. T. chaudronnier à Villeneuve-les-Maguelone, entré à l'hôpital le 12 mai 1910, salle Delpech n° 25.

Il y a deux jours, en parfaite santé, il voulut monter sur sa bicyclette pour faire sa tournée quotidienne de rétameur. Il ne s'aperçut pas que sa pédale était au point mort et ne put démarrer. Il n'eut pas le temps de se dégager et tomba assis sur le sol. Il éprouva une vive douleur dans le siège et ne put se relever. On dut le ramener chez lui en voiture, il entre à l'hôpital 48 heures après.

A l'examen. Homme vigoureux, très musclé. Étendu sur le lit, il ne souffre pas, mais dès qu'on veut le faire asseoir il se plaint de ressentir une vive douleur dans la région ischiatique gauche. Les membres inférieurs sont en position normale. Les mouvements actifs sont conservés pour le membre inférieur droit. Pour le membre inférieur gauche, ils sont partiellement abolis par la douleur Les mouvements passifs s'exécutent aussi facilement des deux côtés.

A la palpation, pas de douleur à la pression sur les deux ailes iliaques. Les têtes fémorales sont en place; les trochanters ne sont remontés ni l'un ni l'autre; mais le malade accuse une vive douleur déterminée par une pression localisée à la tubérosité ischiatique gauche.

On procède alors à un examen plus attentif de cette région. Il n'y a ni ecchymose ni gonflement, on ne sent pas de mobilité anormale. Le seul signe est la douleur à la pression. Le toucher rectal ne permet de percevoir ni déplacement, ni mobilité, mais on développe une douleur très vive en appuyant sur l'os coxal un peu au-dessus de la tubérosité ischiatique, au-dessous de la cavité cotyloïde. L'exploration du fond de l'acétabulum ne donne rien (ni douleur ni déplacement).

En somme, il n'y a que de l'impotence limitée du membre inférieur gauche et de la douleur à la pression sur la tubérosité ischiatique. On porte le diagnostic de fracture de l'ischion sans déplacement.

La radiographie confirme le diagnostic et montre que l'ischion est séparé par un double trait de fracture : l'un en avant de la branche descendante du pubis, l'autre en avant de la cavité cotyloïde. Le traitement a été simple; on a maintenu le malade au lit, sans appareil aucun. Le 8e jour, il pouvait s'asseoir sur le lit, et l'impotence fonctionnelle avait complètement disparu; la pression sur l'ischion était encore sensible. Le 14e jour, le malade demandait à se lever, le 20e jour il sortait de l'hôpital; la marche était encore difficile.

M. H. MARQUÈS.

FRACTURE DU FOND DE LA CAVITÉ COTYLOÏDE AVEC PÉNÉTRATION INTRA PELVIENNE DE LA TÊTE FÉMORALE.

617.56 : 617.15

5 *Août.*

Il existe d'assez nombreuses observations de fracture du fond de la cavité cotyloïde avec pénétration de la tête du fémur dans le bassin, mais jusqu'à ces dernières années le diagnostic de pareille fracture n'a été confirmé que par l'autopsie.

Ce n'est qu'en 1873 que Bœckel insiste sur l'importance du toucher rectal pour le diagnostic de pareille lésion...

Le petit nombre de cas signalés tient à ce que le diagnostic de ces fractures par les seuls signes cliniques est fort difficile « elles simulent absolument les fractures du col du fémur » (Walther).

Depuis que la radiographie est entrée dans le domaine médical, le nombre de cas signalés s'est augmenté rapidement et c'est ainsi que depuis 1899 nous avons pu réunir 14 observations semblables, qui n'ont été révélées que par la radiographie.

C'est encore uniquement par la radiographie qu'à été revélée pareille fracture chez la malade dont voici l'observation :

Mme X..., est renversée de voiture le 15 mai 1907 et tombe sur la hanche gauche, d'une hauteur de 1,50 m environ. Immédiatement après l'accident elle ne peut se relever, et se plaint d'une très vive douleur dans le genou. Elle est vue par un de mes confrères qui diagnostique *fracture du col du fémur* et qui place le membre lésé dans une gouttière avec extension continue.

Deux mois après la malade se levait, et vaquait à ses occupations. Il persistait néanmoins une boiterie considérable, de plus la malade se plaignait de violentes douleurs dans le genou gauche s'irradiant dans la hanche.

En mai 1909, ayant entendu dire que l'électricité guérissait les douleurs, elle vient me demander de lui faire suivre un traitement électrique.

Ce n'est qu'à cette époque, c'est-à-dire deux ans après l'accident, que je la radiographie. Le cliché, dont j'ai présenté une épreuve positive, me montra qu'il y avait eu non pas fracture du col du fémur, mais bien véritablement éclatement du fond de la cavité cotyloïde, avec pénétration de la tête fémorale dans le bassin.

M. SPÉDER.

LES INSUFFLATIONS GAZEUSES POUR L'EXAMEN RADIOLOGIQUE DES ORGANES ABDOMINAUX.

615.815 : 617.55

3 Août.

L'insufflation gazeuse du tube digestif peut rendre de grands services pour l'examen des organes abdominaux. Seule, l'insufflation de l'estomac est couramment utilisée pour l'examen de cet organe lui-même et, depuis les publications de Béclère, pour l'examen du foie. On aurait cependant avantage à pratiquer plus souvent l'insufflation du gros intestin.

Pour l'examen radiologique du foie, on arrive de cette façon à l'entourer d'une gaine gazeuse transparente (poumon, estomac et côlon transverse et ascendant), qui permet d'obtenir avec le maximum de netteté les détails de sa face inférieure.

Pour les reins, et surtout le rein gauche, on obtient également des résultats excellents; les anses grêles contenant encore, malgré les purgations, des matières fécales opaques, sont refoulées vers le bas par l'estomac et le côlon transverse distendus.

Une poire de Richardson munie d'une canule ordinaire courte suffit pour faire l'insufflation du côlon : on pousse l'air très lentement en suivant sur l'écran la dilatation gazeuse de l'intestin. Les sujets ne sont nullement incommodés, surtout si l'injection est faite lentement; ils éprouvent seulement une sensation de ballonnement et ont parfois un peu de sudation qui cesse rapidement.

L'insufflation de l'intestin et de l'estomac combinée est un procédé qui mérite d'être utilisé couramment pour l'examen des organes abdominaux, du foie et du rein gauche en particulier.

MM. VAQUEZ et BORDET,

(Paris).

L'UTILISATION DE LA MÉTHODE ÉLECTROCARDIOGRAPHIQUE EN CLINIQUE.

616.12.0083.0724

6 Août.

Le galvanomètre à corde d'Einthoven a permis, grâce à sa grande sensibilité, d'enregistrer avec une précision rigoureuse les courants d'action du muscle cardiaque. Les recherches des laboratoires de physiologie ont démontré l'importance que cette méthode pouvait prendre dans l'étude de la contraction du cœur et les services qu'elle paraissait devoir rendre dans le diagnostic des affections cardiaques. Mais il est indispensable, pour atteindre ce résultat, que cette méthode soit appliquée systématiquement dans un service hospitalier. C'est ce que quelques cliniciens ont réalisé à l'étranger. MM. Vaquez et Bordet ont à leur tour installé un laboratoire d'électrocardiographie dans le service des maladies du cœur, des vaisseaux et du sang de l'hôpital Saint-Antoine. Les auteurs décrivent l'appareillage dont ils se servent et en indiquent le fonctionnement. Le galvanomètre d'Einthoven est placé dans un local indépendant ; il se trouve relié par des lignes conductrices et par des postes téléphoniques aux trois salles du service, ce qui permet, le cas échéant, de prendre des électrocardiogrammes sans que le malade quitte le lit.

Les auteurs rapportent l'observation d'un malade atteint d'une variété nouvelle de pouls lent permanent dont le diagnostic du fait de la fréquence relative du pouls (50 pulsations par minute) pouvait prêter à discussion. Or les renseignements fournis par les méthodes graphiques habituelles ont été pleinement confirmés par l'électrocadiographie et ont permis d'affirmer qu'il s'agissait bien là d'un cas de dissociation des oreillettes et des ventricules. De plus, certaines particularités de l'électrocardiogramme ont permis de reconnaître avant toute manifestation apparente un état marqué d'insuffisance myocardique. Quelques jours plus tard ce pronostic se réalisa cliniquement.

ODONTOLOGIE.

M. Francis JEAN,

Professeur à l'École dentaire (Paris).

APPAREILS DE RÉTENTION EN ORTHODONTIE.

617.912 : 617.64

5 *Août.*

La régularisation des arcades dentaires est toujours l'objet d'un problème plus ou moins difficile à résoudre et dont le résultat, pour être valable, doit être maintenu d'une façon normale et définitive. Par des procédés différents on arrive à ce but, et le choix du moyen rétentif est subordonné à la nature et à l'importance de l'anomalie, à la durée du traitement adopté, à l'âge du sujet, ainsi qu'à son état général.

Les moyens employés en orthodontie pour retenir les dents redressées dans une position nouvelle, différente de celle qu'elles occupaient primitivement, sont de quatre sortes :

1º L'auto-rétention;

2º Les appareils amovibles, à plaque;

3º Les appareils fixes, sans plaque;

4º Les appareils mixtes.

Un grand nombre de redressements ne nécessitent pas d'appareils de maintien; souvent, le seul fait d'une occlusion ramenée à la normale suffit, et, dans ce cas, l'auto-rétention répond au desideratum. En effet, en ce qui concerne les molaires en particulier, leurs cuspides formant des cônes qui s'engrènent réciproquement et constituent l'occlusion des arcades dentaires; par exemple, dans le redressement qui a consisté à faire sauter l'articulation, la rétention s'opère d'elle-même si le traitement a été rigoureusement conduit. Il en est de même des dents antérieures supérieures en rétroversion et des dents antérieures inférieures en antéversion redressées, et l'on peut remarquer que cela se présente fréquemment depuis l'emploi des appareils fixes qui ne s'opposent pas à l'occlusion, mais, au contraire, la favorisent par leur action régulatrice.

Les cas dans lesquels il n'est pas besoin d'appareil contentif sont donc bien déterminés.

Pour les malpositions de direction dans un sens où les cuspides, soit par leur saillie insuffisante, soit pour toute autre cause, ne peuvent absolument exclure le retour des anomalies, par auto-rétention, les appareils de maintien sont indispensables.

Les appareils à plaque rendront dans ce cas de grands services à condition qu'ils ne puissent entraver l'occlusion normale obtenue. Ils sont des plus efficaces dans l'atrésie du maxillaire supérieur corrigée, à cause des conditions anatomiques qui caractérisent ces os. Le même genre d'appareil convient également au maxillaire inférieur pour les corrections identiques.

Dans l'un et l'autre cas, c'est la simplicité même, et, en matière de redressements, la simplicité des appareils est une chose appréciable.

Ils sont inoffensifs pour les dents et les gencives s'ils sont rigoureusement nettoyés, ce qui est des plus facile, et s'ils ne sont portés que pendant le jour; les dents devant à notre avis, dans cette période de contention, être libres la nuit autant que possible, et se trouver ainsi à l'abri de toute fermentation.

Il n'est pas possible d'obtenir cette liberté intermittente s'il s'agit d'appareils à postes fixes, tels que les exige l'emploi des bagues à attelles, à éperons ou à arcs. Cependant la nécessité de leur emploi et les avantages qu'ils présentent dans la majorité des cas sont incontestables, et ils nous offrent les ressources les plus variées.

Pour en préciser l'application, il y a lieu d'indiquer les cas qui leur conviennent; ce sont, par exemple : la rotation sur l'axe de toutes les dents, l'antéversion des incisives et des canines supérieures, ainsi que la rétroversion des dents antérieures inférieures.

Les bagues en or ou en maillechort bien ajustées doivent toujours être scellées sur des dents parfaitement nettoyées et aseptisées au préalable. Ces bagues sont munies d'attelles ou éperons en fil rond; car, nous insistons sur ce point, les attelles en métal plat peuvent être nuisibles aux dents qui seront en contact constant avec elles pendant un temps quelquefois assez long.

En effet, la brosse à dents peut facilement s'insinuer dans tout ce qui environne un fil rond et est tout à fait inefficace dessous une partie plate. Cependant l'occlusion peut nécessiter l'emploi des attelles plates, mais tout à fait exceptionnellement, et en prenant dans ce cas spécial des précautions hygiéniques particulières.

Tous les appareils de rétention ont été décrits dans la plupart des traités d'orthodontie; nous n'en ferons donc pas à nouveau l'exposé. Nous nous bornerons à vous en présenter un que nous avons adopté depuis quelques années et qui nous donne satisfaction à tous les points de vue.

Ce procédé est destiné au maintien de la correction du prognathisme des arcades dentaires supérieures, et son dispositif nous le fait considérer comme un appareil mixte, parce qu'il est tout à la fois fixe et partiellement amovible. Cette condition a son importance parce que le maintien définitif de cette régularisation est parfois fort long à obtenir et, par suite, quelque peu dangereux si son adaptation est immuable jusqu'à la fin du traitement, c'est-à-dire jusqu'à la fixité physiologique des dents avec lesquelles il est en contact et de celles qui constituent la base des points d'attache.

Lorsqu'une antéversion de l'arcade dentaire supérieure est régularisée, nous prenons comme points d'attache de l'appareil rétentif généralement les premières grosses molaires sur chacune desquelles nous adaptons une bague scellée, chaque bague étant munie d'un tube jugal. Dans ces deux tubes pénétreront les extrémités d'un arc, sans les dépasser, et en contournant exactement la parabole décrite par les faces labiales des dents antérieures et jugales des prémolaires rectifiées. Cet arc sera muni de chaque côté, au niveau de l'interstice des canines et premières prémolaires, d'une agrafe qui servira à accrocher un élastique dont l'autre bout s'accrochera à l'extrémité postérieure des tubes. Le point essentiel, pour que ce dispositif n'ait qu'une action de maintien, est de bloquer le tout en limitant la pénétration de l'arc dans les tubes au moyen d'anneaux d'arrêt dont nous avons décrit un autre usage dans d'autres cas.

Il est aisé de comprendre que le patient, ou une personne quelconque, peut démonter facilement l'appareil en décrochant les élastiques chaque jour, et en retirant l'arc, pour le nettoyage rigoureux de l'appareil et des dents.

Seules, les deux bagues subsistent en permanence et sans aucun danger si elles ont été placées avec compétence, c'est-à-dire en observant les règles que l'asepsie indique.

Dans ces conditions, l'appareil peut jouer son rôle très longtemps, d'autant mieux que les patients n'en sont pas gênés et qu'au besoin ils peuvent s'en séparer par intervalles de plus en plus espacés pour ne les porter, à un moment donné, que le jour et finalement le quitter tout à fait lorsque le praticien aura jugé le moment venu.

M. LE D^R NUX,

Dentiste des Hôpitaux (Toulouse).

DE L'UTILITÉ DES ÉLÉVATEURS.

617.912 : 617.6

3 *Août.*

A une époque où l'on proclame qu'on n'arrache plus de dents, que les racines les plus mauvaises doivent être soignées pour servir de support à des bridges, où l'on conserve ces racines au prix d'opérations chirurgicales telles que la résection de l'apex après la trépanation alvéolaire, il vous semblera peut-être étrange que nous venions ici vous parler d'extractions. Nous sommes absolument convaincu, comme vous tous, du reste, que tous nos efforts de praticiens doivent porter sur la conservation des organes dentaires.

Aussi, en 1892, avons-nous publié un travail sur le traitement des dents mortes compliquées d'abcès volumineux, puis en 1896 un traitement des kystes radiculo-dentaires par la trépanation alvéolaire et la cautérisation, en 1897 un rapport au Congrès de Paris sur le traitement des dents à pulpe morte. C'est dans ce rapport qu'a été mentionnée, pour la première fois en France, la méthode de Callahan pour le traitement des canaux par l'acide sulfurique à 50 o /°. Ce traitement, grâce aux importants travaux de nos savants confrères MM. Siffre et Robin, a pris, pour ainsi dire, une place définitive dans notre thérapeutique.

Nous mentionnons en passant ces travaux qui nous serviront d'excuse auprès de vous si nous venons aujourd'hui vous parler de l'extraction des dents; car sans cela quelques-uns pourraient nous accuser de revenir en arrière et d'ignorer l'admirable labeur fourni par toute une génération de dentistes.

Comme le disait fort bien notre excellent ami Queudot dans son discours de rentrée à l'Ecole dentaire :

« L'extraction des dents et la pose des dentiers constituaient, autrefois, le bagage du dentiste. A l'instar des chirurgiens de leur époque, nos devanciers opéraient brillamment et prestement. La carie dentaire était le plus grand souci; avec patience ils la traitaient, mais celle-ci avait le plus souvent la rage de se révolter contre leurs traitements. L'exérèse des dents douloureuses s'imposait, peut-être à la confusion du chirurgien, sûrement à la satisfaction du mécanicien; ainsi la prothèse l'emportait sur la chirurgie ou plutôt sur l'empirisme dentaire ».

Il n'en est plus de même aujourd'hui et l'empirisme dentaire d'autrefois disparaît pour faire place à la dentisterie nouvelle, qui est devenue une branche de la médecine.

Nous devons cette heureuse métamorphose à la fondation à Paris des premières Écoles dentaires et aussi aux nombreux et intéressants Congrès qui, par les rapports qui y sont présentés, par les démonstrations pratiques et par l'échange des idées qui en résultent, nous permettent d'augmenter notre bagage scientifique et notre habileté professionnelle.

Pour revenir à notre sujet, nous pensons que tous les travaux remarquables d'ailleurs sur la thérapeutique des troisième et quatrième degrés, les couronnes, les bridges, l'or coulé, etc..., ont fait passer au dernier plan ce qui jadis se trouvait au premier. Nous voulons parler de l'extraction. C'est là, nous semble-t-il, une lacune, car elle ne mérite pas une telle défaveur, et de plus, sa connaissance approfondie nous est actuellement indispensable, surtout si l'on songe que plus nous conservons de racines jusqu'aux derniers fragments utilisables, plus par conséquent les extractions deviennent difficiles.

***8

Alors qu'autrefois, sur dix dents extraites, sept possédaient une couronne, actuellement ce ne sont plus que dents découronnées ou racines à parois minces et fragiles que nous avons à extraire. C'est pour cela qu'il nous paraît utile de parler des modifications qui, de ce fait, vont se produire dans l'arsenal du dentiste et dans son manuel opératoire.

Parmi les instruments utilisés pour l'extraction des racines, il en est un qui mérite de retenir tout particulièrement notre attention, c'est l'élévateur ou élévatoire.

Tomes, dans son remarquable ouvrage sur la chirurgie dentaire, dit qu'il n'est pas d'instrument qui offre plus d'utilité pour l'extraction des racines et qu'il n'y a pour ainsi dire pas de racines, voire même de dents, qui ne puissent être extraites à l'aide de l'élévatoire. A propos de son application il dit ensuite :

« Dans son action, l'élévatoire peut être employé à la manière d'un simple levier. L'extrémité de la lame bien aiguisée sera poussée entre la racine de la dent et son alvéole ; puis, le manche est abaissé avec un léger mouvement de rotation. Alors, si le mouvement est judicieusement dirigé, la partie arrondie ou dos de la lame reposera sur la marge de l'alvéole pendant que l'extrémité de la lame pénètre dans la surface de la racine et y prend son point d'application. L'instrument devient ainsi un levier du genre le plus simple, dont le point d'application le plus court porte sur la dent ; le bord alvéolaire, ou parfois le collet d'une dent contiguë sert de point d'appui et le long bras de levier est dans la main de l'opérateur ; l'abaissement du manche soulève la dent de son alvéole »

Tomes ne s'est pas suffisamment étendu sur l'application rationnelle de l'élévateur. Il a décrit l'instrument comme étant un levier simple. Or, nous verrons par la suite que la théorie du levier simple ne lui est pas applicable.

Coleman, tout en comparant aussi l'élévateur à une bêche, s'est pourtant rapproché davantage de la vérité dans un exemple d'extraction à l'élévateur qu'il décrit ainsi (Il s'agit de l'extraction d'une troisième molaire inférieure droite à parois buccales fortement cariées) :

« L'élévateur, étant tenu comme nous venons de le dire, l'opérateur se placera un peu en arrière en se penchant sur la tête du sujet ; puis, après avoir écarté la langue et la joue avec les deux premiers doigts de la main gauche, il enfoncera la pointe de l'instrument *au bord de la gencive et dans l'intervalle qui sépare les collets* de la deuxième et de la troisième molaire de manière qu'elle incline plutôt vers la racine de la dernière que de la première, le manche *se dirigeant en haut, en avant et un peu en dehors pour répondre à la direction de l'alvéole.*

» Quand la gencive a été traversée, l'introduction de l'instrument est facilitée par un très léger mouvement de rotation qu'il suffit d'augmenter pour réussir à ébranler l'organe d'une certaine mesure. L'extraction s'achève en combinant avec le mouvement rotatoire, un mouvement en haut qui s'effectue par l'abaissement du manche. »

Malgré tous ces éloges sur les précieux services qu'il peut rendre, l'élévateur n'a pas été jusqu'ici aussi employé qu'il aurait dû l'être. Nous croyons pouvoir attribuer cet abandon à deux causes principales : la première, c'est que, après l'introduction du davier dans la profession, il a été de bon ton, pour la plupart des dentistes, de ne se servir que du davier dans tous les cas. De cette mode sont nés les daviers sous-alvéolaires, les daviers à corne pour dents décgouronnées, qu'ils ne peuvent extraire qu'en traversant la gencive et l'alvéole, les daviers langue de carpe dont les deux mors tranchants, s'insérant entre la deuxième molaire et la dent de sagesse, luxent la dent quand ils ne cassent pas la couronne au collet ou ne provoquent pas de fêlure du maxillaire.

La deuxième raison, c'est qu'on regardait l'élévateur comme un instrument très dangereux à manier, qui pouvait causer des accidents graves, la pointe venant à échapper.

Depuis quelques années, la réaction commence à se faire, et c'est justice, car, avec un élévateur manié de façon convenable, on cause beaucoup moins de désordres pour extraire des racines ou des dents cassées qu'avec les daviers perfectionnés dont nous avons parlé plus haut. Et voici pourquoi : il est toujours plus facile de faire pénétrer une pointe unique que les deux becs du davier, surtout sur une racine dont un bord est noyé sous la gencive.

Mais de quelle façon doit-on employer l'élévateur? Les diverses théories nous ont dit que l'élévateur levier du premier genre devait être enfoncé entre l'alvéole et la racine et qu'un mouvement de bascule faisait sortir la racine.

Examinons ce qu'il y a de vrai dans cette théorie. Supposons qu'il s'agisse d'extraire une 2e molaire inférieure cassée au ras de la gencive, les dents voisines étant saines.

1º L'élévateur ne pourra pas passer verticalement entre la première molaire et la racine comme le pic du paveur, parce que le manche viendra buter sur les dents supérieures.

Supposons que l'introduction puisse se faire : lorsque nous ferons le mouvement de levier, le point d'appui se trouvera au niveau de la partie renflée de la couronne de la 1re molaire, la résistance à 1cm environ au-dessous. Dans ces conditions, si nous faisons levier, nous cassons l'élévateur ou la couronne de la 1re molaire ou encore, si le cas se présente à la mâchoire supérieure, nous faisons sauter la racine et la dent postérieure et quelquefois même la tubérosité maxillaire.

En voici la raison : l'élévateur placé de cette façon ne produit pas une pression de bas en haut, mais une pression latérale nuisible et inefficace.

Si nous examinons maintenant comment on emploie la langue de carpe, qui n'est en somme qu'un élévateur droit qui a été coudé pour permettre d'atteindre plus facilement la dernière molaire, nous ne pouvons mieux faire que de citer ce que dit à ce sujet notre excellent confrère et ami, M. Bonnet.

« Pour se servir de la langue de carpe, après avoir fait pénétrer dans l'interstice la pointe jusque dans l'alvéole, on commence par luxer la racine par des mouvements de demi-rotation de l'instrument sur son axe. On exerce ensuite un effort judicieux dans le sens de courbure des racines pour éviter des accidents de voisinage et l'on retire la racine par un mouvement de torsion de la poignée (*Manuel de Dentisterie opératoire*, par Ch. Godon, 1897). »

Nous voici loin de l'explication théorique par trop simple du levier de premier genre et nous nous rapprochons de la vérité sur le moyen d'employer rationnellement les élévateurs en nous basant sur la forme anatomique des maxillaires et l'implantation des racines.

Supposons un maxillaire inférieur dont les molaires auront été réséquées au niveau du point de contact. Si nous voulons extraire une molaire à l'aide de l'élévateur, il nous sera impossible de pénétrer par la face supérieure, puisque les bords de couronne seront en contact, mais nous pourrons toujours passer facilement par l'espace interdentaire et il nous serait même possible, expérimentalement, d'extraire une molaire dans une rangée de dents saines rien qu'avec l'élévateur droit. Nous disons ceci pour démontrer que l'espace interdentaire est *l'espace de choix pour faire pénétrer l'élévateur dans l'alvéole.*

Ceci une fois admis, nous devons faire pénétrer l'élévateur en suivant la paroi de la racine à extraire. De cette façon, à mesure que l'instrument pénètre, le tissu spongieux alvéolaire se laisse facilement déprimer et l'instrument peut ainsi atteindre une portion solide de la racine. Mais il est indispensable, pour que ceci puisse se faire correctement, que l'élévateur pénètre obliquement dans l'alvéole avec de légers mouvements de rotation sur l'axe si l'introduction est difficile, la face plane tournée du côté de la racine à enlever.

Lorsqu'il est suffisamment engagé, on exécute un mouvement de rotation du manche qui fait que le bord inférieur du méplat de l'instrument taillé en angle vif, saisit la racine et la force à sortir suivant l'axe de l'alvéole. Cette introduction oblique a beaucoup d'importance, car elle facilite la rotation et permet en outre d'introduire l'élévateur plus commodément.

Nous ne parlerons pas de la façon de placer les doigts de la main gauche pour se servir pratiquement des élévateurs et éviter les accidents possibles. Cela a été exposé par nous en 1891 dans la *Revue Odontologique* et dans un manuel de dentisterie opératoire que nous avons fait paraître en 1893 et 1897. Nous avons voulu seulement revenir sur ce sujet extrêmement important au point de vue des extractions difficiles et vous engager à redonner votre estime à ce fidèle élévateur qui rend de bons et loyaux services à ceux qui le connaissent bien.

M. PINCEMAILLE.

[Saint-Amand-Montrond (Cher)].

CONTRIBUTION A L'ÉTUDE DU DIAGNOSTIC DES PULPITES.
(DIAGNOSTIC DIFFÉRENTIEL DES PULPES A CONSERVER ET DES PULPES A DÉTRUIRE).

617.61

3 *Août.*

Pour entrer directement dans notre sujet nous supposerons ici comme suffisamment établi le fait qu'il est possible de conserver une pulpe enflammée, à la condition qu'elle n'ait pas encore subi de lésions fondamentales.

Les divergences d'opinion qui ont pu se produire sur cette question sont venues : 1° de ce qu'on ne possédait pas un traitement approprié à pareilles pulpes; 2° de ce que les moyens de diagnostic n'étaient pas suffisants pour reconnaître le degré de l'altération pulpaire, pour délimiter les cas où la conservation était possible d'avec ceux où elle ne l'était plus.

Après nous être occupé du traitement (¹) nous avons porté nos recherches sur les moyens de diagnostiquer les diverses altérations pulpaires et, par eux, de poser les limites de la méthode conservatrice.

La pulpe, par sa situation d'organe interne, ne permet pas de faire porter directement sur elle les moyens de diagnostic. Il faut les reporter sur des organes plus externes et par suite plus accessibles avec lesquels quelques-uns de ses éléments soient en rapport.

Ces organes sont : d'une part l'ivoire, de l'autre le ligament alvéolo-dentaire.

Si les auteurs discutent encore sur la question de la terminaison des nerfs à la périphérie de la pulpe, si certains veulent que ce soit à la surface des odontoblastes qu'ils se terminent, si d'autres soutiennent qu'ils se confondent avec les prolongements centraux de ces cellules, si d'autres encore prétendent qu'ils se terminent au contact des cellules sous-jacentes aux odontoblastes, qu'importe, tous sont d'accord sur ce point, qui seul est à retenir ici, c'est que l'ivoire détient sa sensibilité des odontoblastes qui se prolongent en lui par les fibrilles de Tomes.

(¹) Traitement conservateur dans les pulpites. (Congrès de l'Association française. Reims. — août 1907). Preuve de la valeur du traitement conservateur dans les pulpites. (Congrès de Clermont-Ferrand). — Août 1908.

Quoi de plus logique dès lors que de penser qu'à des troubles anatomiques pulpaires, à des troubles odontoblastiques doivent correspondre des troubles sensitifs de l'ivoire?

A pulpe anatomiquement normale, sensations perçues par l'ivoire, normales.

A pulpe anatomiquement lésée, sensations perçues par l'ivoire, perverties.

Et s'il en est ainsi, si l'intégrité de la sensibilité de l'ivoire dépend de l'intégrité anatomique de la pulpe, quoi de plus rationnel que de noter les troubles de la sensibilité de la dentine dans telle ou telle lésion de la pulpe de manière à pouvoir ensuite, étant donné tel ou tel trouble sensitif de l'ivoire, conclure à l'existence de telle ou telle lésion ?

Et de fait, à l'exception de la méthode électrique (procédés de Fuyt, Wilhaus, Schræder, Cavalié) qui fait porter son action sur l'émail, tous les autres procédés portent directement sur l'ivoire.

Les auteurs ont étudié les sensations produites par l'application sur l'ivoire d'un certain nombre d'agents chimiques et physiques, en notant leurs effets d'abord à l'état normal, ensuite sur les divers états pathologiques de la pulpe.

Agent chimique ? c'est Preiswerk avec la formaline.

Agent physique ? c'est Walkhoff en Allemagne avec l'eau portée dans la cavité de carie, à différents degrés. C'est Jack, en Amérique, qui cherche à délimiter l'étendue de la tolérance des dents saines et malades à l'irritation thermique.

Ce sont encore d'autres essais....

Un moyen de diagnostic a été délaissé à nos yeux le plus direct et, nous pensons, l'un des plus certains : c'est celui fourni par l'excision de l'ivoire.

Signe fourni par l'excision de l'ivoire. — L'excision de l'ivoire, si elle nous donne par la douleur qu'elle produit des renseignements extrêmement précis sur la vitalité pulpaire dans ses extrêmes limites, ne nous renseigne pas actuellement sur les divers états inflammatoires par lesquels passe une pulpe avant d'arriver à sa gangrène totale.

L'excision de l'ivoire provoque-t-elle de la douleur? nous concluons à l'existence de la pulpe.

L'excision est indolore ou la douleur n'a-t-elle lieu que par place, y a-t-il des points où l'ivoire soit insensible? il s'agit de lésions pulpaires graves ou de gangrène pulpaire totale.

Mais rien de plus. C'est à cela que se bornent actuellement nos connaissances.

Et cependant, avant que la sensation produite par l'excision de la dentine disparaisse totalement avec la disparition de l'intégrité de la couche odontoblastique, elle doit passer logiquement par une série de modifications directement en rapport avec les divers états inflammatoires de cette couche de cellules.

Et de fait il en est ainsi :

Si, sur une pulpe saine nous enlevons pas la fraise ou l'escavateur de l'ivoire carié nous constatons :

1º Que l'excision est douloureuse;

2º Que la douleur disparaît avec la cause qui l'a produite. Notre instrument retiré, *la douleur cesse immédiatement* c'est ce que nous constatons daus les deuxièmes degrés (Frey), dentinites non pénétrantes avec intégrité pulpaire (Cavalié), groupe S de Redier.

Si nous répétons les mêmes manœuvres opératoires sur de l'ivoire recouvrant une pulpe légèrement enflammée, sans désordres graves (pulpite hyperémique, quelques pulpites aiguës superficielles et quelques pulpites aiguës totales) nous constatons :

1º Que l'excision est douloureuse;

2º *Que la douleur disparaît avec la cause soit immédiatement, soit en quelques secondes* (1 minute à 1 minute 1/2 tout au plus).

Mais, si, passant à des pulpes atteintes de lésions plus profondes (quelques pulpites aiguës superficielles, quelques pulpites aiguës totales, quelques pulpites chroniques), nous renouvelons les mêmes expériences, nous noterons :

1º Que l'excision est douloureuse ;

2º *Que la douteur se prolonge après la disparition de la cause qui l'a produite au delà* de 1, de 2, de 3, de 4 minutes et au delà, *la douleur provoquée par l'excision de la dentine se prolongeant en raison directe de l'intensité des lésions de la pulpe jusqu'au moment ou, ces lésions devenant très graves, la sensibilité de l'ivoire fait défaut par endroits ou disparaît totalement.*

Dans la pratique trois cas sont à considérer dans la façon dont une pulpe perçoit l'excision de l'ivoire carié :

Premier cas.	Diagnostic.
1º Sensibilité de l'ivoire à l'excision ; 2º Disparition immédiate ou en quelques secondes de la douleur provoquée par l'excision.	2e degré. Pulpite hyperhémique (1). Certaines pulpites aiguës superficielles. Certaines pulpites aiguës partielles. Certaines pulpites aiguës totales.

---

(1) Nous adoptons la classification des pulpites aiguës d'Arkövy basée sur les recherches anatomo-pathologiques.

Pulpites aiguës :
Hyperhémiques ou congestives.
Aiguës septiques superficielles.
Aiguës partielles.
Aiguës totales.
Aiguës purulentes (partielles ou totales).

Deuxième cas.	Diagnostic.
1° Sensibilité de l'ivoire à l'excision ; 2° Retard dans la disparition de la douleur provoquée par l'excision.	Certains cas de pulpites aiguës superficielles. Certains cas de pulpites aiguës partielles ou totales. Quelques pulpites chroniques.
Troisième cas.	
Sensibilité de l'ivoire à l'excision disparue par places ou dans sa totalité.	Quelques pulpites aiguës partielles et totales. Pulpites aiguës purulentes (partielles et totales). Presque toutes les pulpites chroniques.

De ces trois cas, seul le premier correspond à des lésions pulpaires non fondamentales, susceptibles par conséquent de guérison par l'application d'un traitement judicieux.

Et nous pouvons dès lors formuler la règle suivante :

On peut conserver une pulpe lorsqu'on constate la sensibilité de l'ivoire à l'excision et la disparition immédiate ou en très peu de temps (une minute, une minute et demie tout au plus) de la douleur ainsi provoquée.

Mais si le procédé que nous venons de faire connaître nous donne d'une façon précise le moyen de délimiter *en bloc* les cas susceptibles de guérison d'avec ceux qui ne le sont pas, il ne nous fournit pas suffisamment la possibilité de diagnostiquer les divers états inflammatoires appartenant à ces deux grandes classes.

Nous sommes actuellement en possession de deux classes de pulpites que nous avons le moyen de différencier : l'une où les lésions peu importantes permettent de rechercher leur guérison, l'autre où la gravité des lésions oblige à sacrifier l'organe atteint.

I.

Pulpites à lésions non fondamentales. Pulpites à conserver.	1° Sensibilité de l'ivoire ; 2° Disparition immédiate ou en très peu de temps de la douleur provoquée par l'excision.

II.

Pulpites à lésions profondes fondamentales. Pulpites à détruire..	1° Sensibilité de l'ivoire : mais retard dans la disparition de la douleur provoquée ; 2° Insensibilité de l'ivoire partielle ou totale.

Cette distinction est précieuse et pourrait suffire pour le traitement. Mais nous ne pouvons encore diagnostiquer les divers cas qui composent ces deux grands groupes ([1]).

([1]) Le mérite de cette distinction en deux grandes classes : pulpes à lésions fondamentales et pulpes à lésions non fondamentales revient à M. Cavalié, qui a précisé, avec la grande autorité qu'il a acquise en la matière, les diverses formes de pulpites qui entrent dans chacun de ces groupes.

Pulpites sans lésions fondamentales.	Pulpites avec lésions fondamentales.
Pulpites aiguës congestives.	Une partie des pulpites aiguës partielles.
Une partie des pulpites aiguës superfic.	» » superfic.
» » partielles.	» » totales.
» » totales.	Toutes les pulpites aiguës purulentes.
	Toutes les pulpites chroniques.

Voyons si, du côté du ligament alvéolo-dentaire, nous ne pouvons suppléer à ce manque de renseignements.

Signe fourni par la percussion. — Le ligament alvéolo-dentaire est en rapport avec la pulpe par des vaisseaux et des nerfs qui partent du tronc vasculo-nerveux pulpaire au niveau du foramen de la racine (espace de Black) et se rendent à la partie interne du ligament.

Dès lors rien d'étonnant que les états inflammatoires de la pulpe aient une répercussion sur l'articulation alvéolo-dentaire.

Au cours de pulpites chroniques l'arthrite peut être observée. Consécutive à la pulpite aiguë, l'arthrite a été presque toujours notée. Enfin, quelques auteurs l'ont signalée comme accompagnant parfois la pulpite subaiguë. On connaît encore cette « arthrite par compensation » observée à la suite d'une pulpectomie, congestion compensatrice, conséquence de l'arrêt brusque de la circulation pulpaire.

Dans ces divers cas, la dent provoque à la percussion une sensation franchement douloureuse.

Mais, en plus de ces états extrêmes de sensibilité du ligament, la dent produit au choc des impressions simplement désagréables anormales, correspondant à des états moindres de congestion pulpaire et mises en évidence par une manœuvre un peu spéciale que nous allons faire connaître.

Si l'on percute en tout sens une dent atteinte de dentinite non pénétrante avec intégrité pulpaire (2e degré), on n'observe aucune douleur et la sensation éprouvée est la même que celle produite par la percussion d'une dent voisine saine.

Mais si, procédant par comparaison, on percute tour à tour une dent saine et une dent atteinte de congestion de la pulpe, le malade perçoit *toujours* une différence, plus ou moins légère, suivant le cas, mais toujours nettement perceptible. C'est la dent malade qui est la plus sensible. Il y a toujours à la percussion une différence de sensation. Le patient perçoit que « ce n'est pas la même chose ».

Quelquefois, dès le début de l'invasion pulpaire, lorsque la carie sort des limites du deuxième degré proprement dit, il faut frapper la dent assez fortement pour faire percevoir cette différence (surtout sensible par le choc porté dans le sens vertical), mais toujours celle-ci arrive, par cette manœuvre, à être mise en évidence. L'inflammation pulpaire se faisant plus intense, la différence à la percussion devient elle-même plus nette pour être perçue ensuite directement, sans qu'il soit utile d'opérer par comparaison.

L'intensité de la sensation perçue par la percussion de la dent dépend du degré de congestion des vaisseaux pulpaires; plus grande est celle-ci, plus grande aussi est là douleur provoquée par la percussion.

Quand il y a simplement hyperémie de la pulpe, une très légère différence à la percussion existe. entre la dent atteinte et une dent normale. Quand il s'agit d'une pulpite aiguë superficielle, cette différence devient plus nette pour s'accentuer ensuite au point de rendre inutile la comparaison et d'être perçue directement sous forme d'arthrite subaiguë ou aiguë, dans les pulpites aiguës partielles ou totales.

Il n'y a rien là, on le voit, qui tienne à une différence de densité entre la dent malade et une dent saine. La différence de sensation perçue par la percussion, en rapport si direct avec le degré de congestion de la pulpe est bien la conséquence de celle-ci.

Pour nous, il s'agirait là d'un état congestif articulaire consécutif à l'état congestif pulpaire.

Quoi qu'il en soit, il est si vrai que la sensibilité de la dent dépend du degré de congestion de la pulpe que, dans les pulpites chroniques, lorsque la lésion évolue lentement, d'une façon indolore, il y a, au choc, absence complète de toute sensation anormale ou une légère différence avec une dent saine, alors que, dans les cas où il y a poussée congestive, entraînant avec elle de la douleur, on observe à la percussion soit de l'arthrite subaiguë, soit de l'arthrite aiguë.

On le voit, dans le troisième degré, la sensibilité de la dent à la percussion est toujours proportionnelle au degré de congestion pulpaire dont elle dépend.

Ceci établi, soit une dent à examiner.

Le signe donné par l'excision de l'ivoire nous a révélé, par la sensibilité de l'ivoire à l'excision et par la disparition rapide de la douleur provoquée, l'existence d'une pulpe à lésions non fondamentales et réparables. Il ne peut s'agir, nous l'avons vu, que d'un cas appartenant au groupe des pulpites aiguës. Nous allons pouvoir maintenant définir ce cas en évaluant le degré de congestion de la pulpe par le degré de sensibilité du ligament à la percussion.

Si une légère différence à la percussion se fait sentir avec une dent voisine normale, il s'agit d'une *pulpite aiguë congestive.*

Si la différence est très nette, il y a *pulpite aiguë superficielle.*

Si la percussion provoque une sensation véritablement désagréable, directement perçue, sans qu'il soit utile de la comparer à celle produite par une dent saine, *il y a pulpite aiguë (partielle ou totale), mais à lésions non encore fondamentales.*

Soit maintenant une dent pour laquelle la sensibilité de l'ivoire à l'excision ayant lieu, la douleur provoquée se prolonge pendant deux, trois minutes et plus, ou une dent dans laquelle l'ivoire a perdu partiellement ou totalement sa sensibilité à l'excision, nous diagnostiquons : pulpite à lésions graves, non réparables, mais nous hésitons entre le diagnostic de pulpite aiguë totale et de pulpite chronique. Comment les reconnaître ?

Eh bien, une grande différence sépare les pulpites aiguës des pulpites chroniques. Dans les premières, l'intensité de la lésion est en rapport avec l'intensité de la congestion de la pulpe. Plus celle-ci est grande, plus graves sont le désordre. Dans les pulpites chroniques il n'en est pas forcément ainsi et la lésion peut être profonde et irréparable sans qu'il y ait congestion intense de la pulpe.

Dans une pulpite aiguë, il y a toujours proportion entre la gravité des désordres pulpaires et l'état congestif de la pulpe. *S'il n'en est pas ainsi il s'agit, à n'en pas douter, d'une pulpite chronique.*

Or, par l'excision de l'ivoire d'une part, et la percussion de la dent d'autre part, nous avons maintenant les moyens d'apprécier ce rapport.

Si donc, après avoir constaté par le signe fourni par l'ivoire l'existence de lésions profondes, nous observons l'absence d'arthrite aiguë (soit de l'arthrite subaiguë, soit une différence à la percussion avec une dent saine, soit l'absence de toute différence), c'est-à-dire si, par la percussion, nous notons l'absence de toute congestion ou la présence d'un état congestif pulpaire peu intense, non proportionnel à l'intensité des lésions anatomiques pulpaires, il s'agira sûrement d'un cas chronique.

Une pulpite aiguë totale à lésions graves sera toujours accompagnée d'arthrite aiguë.

Le Tableau suivant rendra plus claire notre pensée :

Signe de l'ivoire		Signe de la percussion	Diagnostic	
Sensibilité de l'ivoire à l'excision, avec retard dans la disparition de la douleur. Insensibilité partielle ou totale de l'ivoire à l'excision.	Pulpites à détruire à lésions fondamentales.	Aucune différence à la percussion avec une dent normale.	Certaines pulpites chroniques.	Toutes les pulpites chroniques.
		Différence à la percussion avec une dent normale.	Certaines pulpites chroniques.	
		Arthrite subaiguë ou aiguë.	Certaines pulpites chroniques. Certaines pulpites aiguës partielles ou totales avec lésions fondamentales. Pulpites aiguës purulentes (partielles ou totales).	

L'hésitation ne reste donc possible, pour le diagnostic, qu'au cas où il y a arthrite aiguë. Il peut s'agir, dans ce cas, soit d'une pulpite aiguë à lésions profondes, soit d'une pulpite chronique, avec, au moment de l'examen, poussée congestive aiguë.

Signe fourni par l'excision de l'ivoire.	Pronostic.	Signe fourni par la percussion.	Diagnostic.	Traitement.
1er groupe. Sensibilité de l'ivoire et disparition de la douleur ainsi provoquée en 1 minute à 1 minute et demie, au plus.	Pulpites aiguës à lésions non fondamentales susceptibles de guérir.	Absence d'arthrite et de différence à la percussion avec une dent contrôle, saine.	Dentinite non pénétrante avec intégrité pulpaire. (2e degré — S. de Redier).	Conservateur.
		Différence à la percussion avec une dent saine.	Pulpites hyperhémiques. Quelques pulpites aiguës superficielles.	
		Arthrite sub-aiguë.	Quelques pulpites aiguës partielles ou totales.	
2e groupe. Sensibilité de l'ivoire à l'excision mais retard dans la disparition de la douleur de plus de 1 minute et demie. Insensibilité partielle ou totale de l'ivoire.	Pulpites aiguës et chroniques à lésions graves, incapables de guérir.	Aucune différence à la percussion avec une dent normale.	Quelques pulpites chroniques.	Toutes les pulpites chroniques.
		Différence à la percussion avec une dent normale.	Quelques pulpites chroniques.	
		Arthrite sub-aiguë ou aiguë.	Quelques pulpites chroniques. Quelques pulpites aiguës partielles ou totales avec lésions fondamentales. Pulpites aiguës purulentes (partielles ou totales).	Destructeur.

Technique opératoire. — En possession de ces données, comment procéder pour établir le diagnostic dans ce cas de pulpite ?

Au moyen d'une fraise ronde, enlever l'ivoire carié, comme s'il s'agissait de préparer la cavité en vue d'une obturation. En portant la fraise assez profondément, rechercher la sensibilité de l'ivoire, et, pour cela, fraiser jusqu'à ce qu'un léger mouvement fait par le malade avertisse l'opérateur qu'une sensation a été perçue.

Dès ce moment, retirer la fraise et porter dans la cavité un jet d'eau tiède, à 37°. La projection d'eau à cette température a la propriété de calmer rapidement la douleur provoquée par l'excision dans le cas où celle-ci disparaîtrait déjà d'elle-même assez vite. Bien avoir soin de prendre de l'eau tiède (à 37°), car plus chaude ou plus froide, elle risquerait de fausser le diagnostic en apportant un supplément de douleur. Si l'on n'était pas certain de la température de l'eau, mieux vaudrait s'abstenir de s'en servir.

La fraise étant retirée, au moyen d'un chronomètre ou plus simplement d'une montre possédant un petit cadran à secondes, noter le temps que met *la douleur provoquée par l'excision de l'ivoire* à disparaître[1].

Ne pas perdre de vue que ce qu'il faut noter, c'est le temps de disparition de *l'apport de douleur provoquée uniquement par l'excision*.

Il arrive en effet qu'au moment de l'intervention la dent à examiner fait souffrir. Il faut noter, dans ce cas, *non le temps que met la douleur complète à disparaître, mais le temps mis par le supplément de douleur provoquée par l'excision de la dentine à disparaître*. Pour cela il suffit d'observer le temps que met la douleur accrue par l'excision (après le fraisage de la cavité) à redevenir égale à celle ressentie avant l'intervention

En pratique, dans le cas où la dent fait souffrir au moment où nous sommes appelés à porter le diagnostic, voici comment on peut délimiter la douleur provoquée par l'excision seule.

Avant de porter la fraise dans la cavité, interroger le malade sur le degré de douleur produit par sa dent. En agissant ainsi, non seulement l'opérateur se rendra compte du degré de souffrance qu'éprouve son malade, mais encore il attirera l'attention du malade sur ce point.

Ceci fait, fraiser la cavité comme nous l'avons indiqué, c'est-à-dire jusqu'à ce qu'on ait fait naître une sensation.

Si la sensibilité de l'ivoire existe et si la souffrance est accrue du fait de notre intervention, la fraise retirée, prier le malade d'indiquer le moment où la *sensation ressentie dans sa dent redevient la même qu'avant notre intervention*, qu'avant que « nous y ayons touché ».

Ainsi par ce procédé, nous pourrons très bien évaluer le temps mis par le supplément de douleur apporté par l'excision à disparaître.

Dans le cas, où, au moment de l'intervention, la dent ne donne lieu à aucune douleur, il suffira de noter le temps mis par la sensation douloureuse à *disparaître complètement* (la sensation douloureuse produite n'étant, évidemment, causée que par le fait de l'excision de l'ivoire cariée).

Remarquons que c'est *l'existence seule de la douleur produite par l'excision* qu'il nous est utile de connaître et non *l'intensité de la douleur*. Que la douleur produite par le fraisage de la cavité soit plus ou moins vive (hyperesthésie de la dentine) il n'y a rien là qui puisse nous éclairer, La douleur est, d'une façon générale, chose trop variable. Différente selon bien des cas, elle varie encore selon les individus. Particulièrement ici elle ne nous fournit aucun renseignement. Mais il en est tout autrement *de la présence de la douleur* (qu'elle soit forte ou peu appréciable) qui elle, n'est pas variable et ne peut par suite donner lieu à aucune erreur.

---

[1] Pour ceux que la longueur relative du procédé effraierait, il n'est pas utile d'attendre pendant plusieurs minutes la disparition complète de la sensation provoquée. L'aiguille ayant dépassé 90 secondes marque l'instant où l'on est en droit d'instituer le traitement destructeur.

Tantôt en effet c'est une véritable souffrance qui suit l'opération du fraisage de la cavité, tantôt ce n'est pas une douleur à proprement parler mais un agacement, une sensation anormale que le patient cherche à nous faire comprendre en nous disant « qu'il sent sa dent » « que sa dent n'est pas comme les autres ».

Dans ces différents cas où une sensation anormale existe, c'est cette existence seule qui nous est utile à connaître pour pouvoir ensuite noter le temps qu'elle met à disparaître et, selon le cas, conclure à l'intégrité ou à la non-intégrité de la vitalité pulpaire.

Ce que nous venons de dire s'applique aux cas où l'ivoire possède, perverti ou non, sa sensibilité. Dans les cas où la fraise, parcourant le fond de la cavité ne fait naître aucune douleur, ou lorsque la douleur ne se produit qu'en certains points, laissant le reste de l'ivoire complètement insensible, nous concluons, par cela même, à l'existence de désordres pulpaires graves.

Résumons-nous :

Un malade vient à nous et nous montre une dent atteinte de pulpite, nous voulons, pour l'instant, rechercher le signe fourni par l'ivoire pour savoir si ce cas appartient ou non au groupe des pulpites à lésions fondamentales.

Nous demandons : « Souffrez-vous actuellement » ? et nous cherchons par une série de questions, à faire porter l'attention de notre malade sur l'impression qu'il ressent, à ce moment, par sa dent.

Puis, nous recherchons, par la fraise, la sensibilité de l'ivoire.

I. — *Ou elle n'existe pas.* Dans sa totalité ou en partie. } Lésions fondamentales.

II. — *Ou elle existe.* Et dans ce cas :

a. La dent occasionnait une douleur (plus ou moins vive) au moment de notre intervention. L'excision de l'ivoire l'a augmentée. } Nous notons le temps mis par ce supplément de douleur à disparaître. } Moins de 90 secondes. } Lésions non fondamentales. / Plus de 90 secondes. } Lésions fondamentales.

b. La dent n'occasionnait aucune douleur au moment de notre intervention. L'excision de l'ivoire l'a fait naître. } Nous notons le temps mis par cette douleur (ou cette simple sensation anormale) à disparaître complètement. } Moins de 90 secondes. } Lésions non fondamentales. / Plus de 90 secondes. } Lésions fondamentales.

Nous savons maintenant à quel groupe appartient la lésion que nous avons à traiter et, par suite, quel traitement il convient de lui appliquer Mais nous voulons parfaire le diagnostic et préciser, par la percussion de la dent, à quel cas de pulpite nous avons affaire.

1er *groupe.* — *Pulpites à lésions fondamentales.* — On distinguera un second degré d'une pulpite aiguë, même légère, en ce que, dans le 1er cas, il n'y aura aucune différence au choc de la dent entre la dent examinée et une dent normale voisine alors que, dans le 2ᵉ cas, une différence nette aura lieu.

Pour le diagnostic de pulpite congestive, aiguë superficielle, aiguë partielle, aiguë totale, à lésions réparables, on s'en rapportera aux rapports que nous avons signalés de ces derniers cas avec les divers états sensitifs du ligament à la percussion de la dent.

2ᵉ *groupe. — Pulpites à lésions fondamentales.* — Toutes les fois que la percussion ne donnera pas les signes d'arthrite subaiguë ou aiguë, on se trouvera en présence d'une pulpite chronique. Quand il y aura arthrite aiguë, le doute sera possible entre : pulpite aiguë à lésions fondamentales et pulpites chroniques, avec, au moment de l'examen, poussée congestive aiguë. La durée de la lésion et d'autres signes déjà connus permettront de les différencier. Mais de toutes façons, qu'il s'agisse d'une pulpite aiguë à lésions fondamentales ou d'une pulpite chronique avec poussée congestive aiguë, il s'agira sûrement d'un organe profondément atteint dans son intégrité anatomique et incapable, de ce fait, d'être conservé.

M. M. ROY,

Dentiste des Hôpitaux,.
Professeur à l'École dentaire de Paris,
Dentiste-Inspecteur à l'École normale d'Instituteurs de la Seine.

L'INSPECTION ET LE TRAITEMENT DES DENTS
DES ENFANTS DES ÉCOLES.

617.67 : 618.9

3 *Août.*

La carie dentaire est certainement une des affections les plus répandues, puisque les individus qui n'en subissent pas les atteintes à un moment quelconque de leur vie constituent une exception. L'enfance n'échappe pas à cette affection, bien au contraire, car les dents sont plus vulnérables dans l'enfance que dans l'âge mûr, au point que plus de 95 pour 100 des enfants présentent des caries dentaires, ainsi que l'ont montré les statistiques dressées dans les différents pays.

La présence de dents cariées, outre les nombreux inconvénients locaux qu'elle produit et les complications graves qu'elle peut déterminer, favorise le développement des maladies générales d'autant plus qu'elle s'accompagne d'un manque de propreté plus ou moins complet de la bouche.

Il y a donc une nécessité impérieuse pour les autorités scolaires à s'occuper de l'hygiène dentaire en vue de prévenir et de guérir la carie des dents si préjudiciable à l'organisme particulièrement délicat de l'enfant.

Si l'hygiène dentaire scolaire devait se borner au simple traitement des dents lorsque l'enfant ou l'adolescent vient à réclamer des soins, on peut dire qu'elle manquerait à peu près totalement à son but; sans parler de la répugnance qu'éprouvent souvent les enfants à recourir aux soins du dentiste, même lorsqu'ils souffrent; il faut savoir en effet que, par suite d'une ignorance compréhensible chez un public non prévenu, les malades, même adultes, ne songent à réclamer les soins du dentiste que lorsque la douleur vient éveiller leur attention.

Or, lorsque les lésions dentaires font souffrir, il est toujours très tard, sinon trop tard pour les soigner; en tout cas, ces lésions, même lorsqu'elles sont curables, ont atteint une étendue très préjudiciable à la résistance ultérieure de la dent et le traitement en devient très compliqué.

Si l'on veut conserver les dents et lutter contre la carie d'une manière efficace, on ne peut atteindre ce résultat que par une surveillance très attentive dont la base est l'*inspection dentaire* pratiquée systématiquement et d'une façon régulière.

Une dent bien traitée au début d'une carie peut être considérée comme équivalente à une dent saine; on ne saurait en dire autant d'une dent ayant eu une grande portion de tissu détruit et encore moins d'une dent dont la pulpe est altérée.

Pour soigner les dents et les conserver, dans les meilleures conditions possibles, il faut donc pouvoir les traiter tout à fait au début des maladies qui peuvent les atteindre, c'est-à-dire à une époque où celles-ci sont totalement ignorées du patient parce qu'elles sont généralement indolores.

Ces lésions de début, seul le dentiste est à même de les déceler, grâce aux moyens d'exploration dont il dispose, d'où la nécessité de pratiquer régulièrement la visite de la bouche des enfants pour pouvoir y reconnaître les altérations qui peuvent s'y produire.

Ces quelques considérations suffisent amplement à démontrer la nécessité, pour l'hygiène dentaire scolaire, non seulement d'un service de traitement des dents, mais aussi d'un service d'inspection de celles-ci.

L'organisation de l'inspection dentaire scolaire et d'un service de traitement des dents soulève un certain nombre de questions que nous allons passer en revue très rapidement.

L'État a-t-il le droit et le devoir de surveiller la santé des dents des enfants des écoles ? — Poser cette question dans un Congrès comme celui-ci c'est, je pense, la résoudre, car invoquer une soi-disant atteinte à la liberté du père de famille par le fait de visiter la bouche de son enfant serait la négation de l'œuvre entreprise par ce Congrès qui consacre tous ses efforts à assurer la santé de l'enfant et à la garantir le plus possible contre les atteintes de la maladie.

Pas plus que l'État ne peut reconnaître le droit à l'ignorance, il ne peut reconnaître le droit à la maladie lorsqu'il s'agit d'enfants, et son devoir est de veiller sur la santé des futurs citoyens.

Les services d'inspection et de traitement dentaires doivent-ils être distincts ? — Pour les services dentaires scolaires, il nous paraît nécessaire de séparer les deux services : 1º un service d'inspection; 2º un service de traitement. Seul le service d'inspection est possible à l'école; quant au service de traitement, son organisation plus complexe doit se faire en dehors des locaux scolaires et dans des conditions que nous verrons plus loin.

A moins qu'il n'existe des dentistes spécialement et exclusivement appointés pour assurer le service des cliniques dentaires scolaires, comme il y en a en Allemagne, il est préférable de confier à deux praticiens différents le service d'inspection et celui de traitement. Cette organisation présente des avantages pour les deux praticiens chargés du service en leur assurant une bien plus grande liberté vis-à-vis du malade. Celui-ci en effet ne peut songer à accuser le dentiste traitant de lui imposer des traitements inutiles (on sait que ces critiques sont faites parfois par des élèves ou par leurs parents), puisque les dents malades sont désignées par un praticien tout à fait désintéressé en la circonstance comme le sera le dentiste inspecteur, et celui-ci, de son côté, aura, lui aussi, en raison de cette situation, toute indépendance vis-à-vis des patients qu'il examinera.

Par qui doit être faite l'inspection dentaire ? — Elle doit être faite de toute nécessité par un dentiste qui seul possède la compétence nécessaire pour procéder à cet examen et il est impossible de confier cette inspection au médecin scolaire non spécialisé sans perdre tout le bénéfice de cette organisation.

Où peut être faite l'inspection dentaire ? — L'inspection dentaire ne nécessite qu'une installation et une instrumentation très sommaires, en sorte qu'elle peut facilement se faire dans les locaux scolaires, dans une pièce suffisamment claire, qu'il est facile d'approprier temporairement pour ce service. Elle ne prend que quelques minutes par enfant et, en combinant, d'accord avec les instituteurs, les heures par groupe de classe, l'inspection peut se faire sans apporter de perturbation notable dans l'enseignement.

La fiche dentaire. — L'établissement pour chaque enfant d'une fiche dentaire est le corollaire indispensable de l'inspection. Seule, en effet, cette fiche permet le contrôle de l'état de la bouche au cours des inspections successives. Il est de même indispensable qu'une copie de cette fiche soit transmise directement aux parents afin que ceux-ci soient prévenus des soins dentaires qui sont nécessaires et qu'ils fassent en sorte de les faire effectuer. On a émis cette idée que l'établissement d'une fiche semblable serait une cause de violation du secret professionnel. C'est là, on en conviendra, une objection un peu spécieuse à cette organisation, et comme le disait M. Godon, dans une lettre au Ministre de l'Instruction publique :

« Si la fiche dentaire n'est communiquée par le praticien et l'Administration qu'à l'élève et à sa famille, si elle ne porte aucune indication d'étiologie ou de pathogénie, et mentionne seulement les altérations dentaires, il n'y aucune violation sérieuse du secret professionnel.

Du reste, la fiche dentaire est maintenant universellement répandue et acceptée en Angleterre, en Allemagne, en Belgique, en Hollande, en Suisse comme aux États-Unis. »

Elle est en France également employée dans les services dentaires de l'armée et dans un certain nombre d'écoles publiques.

Nombre des inspections. — Si une seule visite annuelle peut suffire chez un grand nombre d'adultes, il n'en est pas de même chez les enfants et les adolescents dont la bouche a besoin d'une surveillance plus rapprochée, d'une part en raison des mutations qui se produisent dans la bouche au moment de l'évolution de la dentition permanente, d'autre part en raison de la marche de la carie, beaucoup plus rapide chez l'enfant que chez l'adulte. C'est pourquoi il est nécessaire que l'inspection dentaire soit pratiquée deux fois par an.

Où et quand doit se faire le traitement dentaire ? — Il est de toute impossibilité que le traitement dentaire puisse être effectué dans les locaux scolaires; un service semblable nécessiterait une installation beaucoup trop importante pour être placé dans ceux-ci. D'autre part, le traitement des dents, contrairement à leur inspection, exige un temps beaucoup trop prolongé pour que celui-ci puisse être pris sans inconvénient sur les heures de classe, en dehors des cas d'urgence immédiate.

Ceci posé, la question du lieu et du praticien qui sera chargé d'assurer les soins dentaires sera variable suivant qu'il s'agira d'externats ou d'internats, qu'il s'agira d'enfants pauvres ou d'enfants dont les parents peuvent payer les soins du dentiste.

De toute façon, la liberté du choix du dentiste traitant par la famille devra être sauvegardée.

Pour les enfants pauvres, des cliniques dentaires scolaires gratuites doivent être organisées, soit sur le modèle des institutions qui existent dans diverses villes d'Allemagne, avec des dentistes spécialement et exclusivement attachés à ces institutions, soit avec le concours des écoles dentaires, lorsqu'il en existe, soit enfin en faisant appel au concours de dentistes particuliers.

Pour la campagne, où des organisations semblables ne sont pas possibles, on créerait, suivant l'idée émise par M. Jessen, des cliniques scolaires ambulantes appointées par les départements et les communes. Le dentiste visiterait et soignerait les enfants des écoles, trop éloignées pour pouvoir se rendre à une clinique de ville.

En ce qui concerne les enfants fortunés, ceux-ci naturellement seront traités par des dentistes de la ville, la famille ayant eu communication de la fiche établie par le dentiste inspecteur.

Pour les internats, toutefois, les institutions devront avoir un dentiste traitant spécialement désigné auquel elles adresseront les enfants qui sont sous leur surveillance lorsque les familles n'auront pas indiqué un praticien particulier.

Dans tous les cas, et pour les raisons exposées ci-dessus, les soins devront être donnés en dehors des heures de classe, soit avant, soit après celles-ci, soit les jours de congé.

Conclusions. — 1° L'État a le droit et le devoir de surveiller la santé des dents des enfants des écoles;

2° Il est préférable que le service d'inspection soit distinct du service de traitement;

3° L'inspection dentaire pourra se faire à l'école même; elle sera faite par un dentiste inspecteur et non par le médecin ordinaire des écoles;

4° Il devra être établi, pour chaque enfant, une fiche sur laquelle seront indiquées les diverses caries qu'il présente, cette fiche sera communiquée à la famille;

5° L'inspection des dents aura lieu une fois chaque semestre;

6° Le traitement des dents devra être effectué hors des locaux scolaires et, sauf le cas d'urgence immédiate, en dehors des heures de classe;

7° Des cliniques dentaires scolaires gratuites devront être organisées dans les villes pour assurer le traitement des enfants pauvres.

RAPPORTS

TOME III

12ᵉ Section. — *Sciences médicales.*

Une première atteinte de tuberculose immunise-t-elle contre une atteinte ultérieure? (¹)

MM. Fernand Bezançon et H. de Serbonnes.

Au point de vue clinique, la question de l'immunité conférée par la guérison d'une première atteinte de tuberculose a été posée en 1886 par M. Marfan, qui soutint que la guérison d'écrouelles ou de lupus conférait au sujet qui en avait été atteint une véritable immunité. Assez vivement discutée au début, cette idée ne paraît pas avoir suscité tout l'intérêt qu'elle comporte en réalité et l'opinion médicale semble s'en être quelque peu désintéressé, au point qu'à la suite d'un referendum adressé par M. Calmette à divers médecins, M. Triboulet fut, à notre connaissance, un des seuls à répondre en confirmant les idées de M. Marfan, bien qu'avec certaines restrictions.

Pour discuter la théorie de M. Marfan, il faut envisager d'une part les faits sur lesquels s'appuie cette théorie, d'autre part les déductions que l'on peut tirer de ces faits. Les arguments invoqués sont de quatre ordres :

1º Les lupiques et les écrouelleux bien guéris n'ont presque jamais de phtisie pulmonaire.

2º Les lupiques et les écrouelleux non guéris sont rarement atteints de phtisie pulmonaire.

3º Les phtisiques qui n'ont jamais eu de lupus ni d'écrouelles sont en nombre considérable.

4º Les phtisiques ayant eu un lupus et des écrouelles sont en proportion infime par rapport aux précédents.

Tous ces faits paraissent ressortir avec évidence des statistiques invoquées par M. Marfan à l'appui de sa théorie. Néanmoins certains auteurs les ont très vivement critiqués et ont rapporté des observations en apparence contraires *(Voir en particulier la thèse de Pégurier)*. Mais on ne peut tenir compte de la plupart de ces observations, qui, comme l'a fait remarquer M. Marfan, déforment sa pensée, puisqu'elles s'appliquent à des écrouelleux ayant encore des lésions en évolution et que seules les écrouelles *bien guéries* conféreraient l'immunité. Restent quelques observations isolées qui constituent des exceptions et qui

---

(1) Dans ce rapport, nous n'envisageons la question qu'au point de vue purement clinique, sans tenir compte des données expérimentales.

en réalité ne peuvent aller à l'encontre d'une statistique aussi importante que celle donnée par M. Marfan, qui porte sur deux cent quarante-deux cas d'écrouelles, d'autant que cet auteur reconnaît lui même la possibilité dans certains cas exceptionnels du développement d'une tuberculose pulmonaire chez d'anciens écrouelleux. De plus, pour juger équitablement la question, il est important de savoir si, au moment de la guérison des lésions ganglionnaires, il n'existait pas de foyer pulmonaire en évolution. Nous avons ainsi observé une jeune fille présentant des adénites cervicales depuis l'enfance, qui, au moment d'une pleurésie, vit disparaître assez brusquement ses adénopathies. Un an plus tard, il n'en restait plus trace à l'examen, mais en même temps qu'elles disparaissaient se développaient des lésions pulmonaires qui entraînèrent l'admission de la malade à l'hôpital. De pareils faits ne prouvent rien contre l'idée de l'immunité conférée par guérison d'écrouelles, puisqu'au moment de la guérison des adénopathies, il existait des foyers multiples de tuberculose. Il est donc très difficile de se prononcer en pareille matière, mais il ne semble pas qu'en somme l'on puisse sérieusement nier les faits présentés par M. Marfan, et il est légitime de conclure avec lui qu'un écrouelleux bien guéri dans l'enfance, ne présentant plus aucun point suspect dans ses cicatrices, fait exceptionnellement des manifestations tuberculeuses dans la suite.

A la vérité, il semble que l'on puisse étendre à la plupart des formes guérissables de tuberculose atténuée les constatations précédentes. Telle était d'ailleurs l'opinion primitive de M. Marfan, qui depuis a surtout concentré ses recherches sur les écrouelleux, et même les a limitées aux écrouelleux guéris dans l'enfance, reconnaissant que les écrouelleux adultes ne semblaient pas obéir aux mêmes lois.

Cependant, les coxalgiques paraissent se comporter d'une façon analogue. Si, au cours même de la coxalgie, la mortalité par tuberculose pulmonaire est assez élevée, parmi les malades guéris un grand nombre paraissent demeurer dans la suite à l'abri de la tuberculose. Sur 51 coxalgiques observés par Schaffer et Lovett, 4 ans après la guérison, 41 étaient absolument bien portants, 6 avaient récidivé en tant que coxalgiques, 2 étaient morts de méningite, 2 d'une affection aiguë pneumonique (?), mais aucun ne paraissait présenter de tuberculose pulmonaire autant qu'on en puisse juger par les statistiques des auteurs, dont l'attention pourrait, il est vrai, n'avoir pas suffisamment été attirée sur ce point. Tel est également l'avis de M. Triboulet.

Pour les pleurétiques, M. Triboulet reconnaît que la pleurésie, guérie sans manifestations locales ou de voisinage, survenues dans un délai d'au moins 3 ans, se comporte comme les affections précédentes. C'est ce que confirment des statistiques comme celles de Salanoue-Ipin et de Bowditch. Le premier de ces auteurs trouve que 31 0/0 des inscrits maritimes atteints de pleurésie meurent ultérieurement de tuberculose pulmonaire. Mais plus de la moitié des décès se font dans les deux premières années et au bout de la septième année la mortalité par tuberculose devient extrêmement faible. Il en est de même pour la statistique de Bowditch. Nous même avons pu relever une liste de 50 assurés sur la vie, qui, dans leurs antécédents, avaient eu une pleurésie nettement confirmée. Sur ces 50 pleurésies, dans des périodes variant de 10 à 15 ans après la souscription de l'assurance, 7 seulement étaient morts, dont 2 par tuberculose, 2 par fièvre typhoïde, 1 par cirrhose hépatique ; les 2 derniers s'étaient suicidés. Presque tous ces assurés avaient eu leur pleurésie depuis un temps assez éloigné, beaucoup dans l'adolescence ; un seul avait été assuré 8 mois après la guérison de sa pleurésie. Or ce dernier fournit un des deux décès par tuberculose que nous avons rapportés. En somme, si l'on ne prend que les sujets assurés 4 ans au moins après la guérison de la pleurésie, on trouve, au bout de 10 à 15 ans, un décès seulement par tuberculose sur 49 sujets, ce qui donne une mortalité à peu près normale par rapport aux autres assurés.

Le délai de 3 ans demandé par M. Triboulet pour considérer une pleurésie comme bien guérie, est donc très justifié, car il est infiniment probable que si le chiffre des pleurétiques décédés pendant les deux premières années est aussi élevé, c'est que ces malades présentaient déjà à leur sortie de l'hôpital une tuberculose pulmonaire en évolution et ne pouvaient être dès lors considérés comme guéris de leur première manifestation tuberculeuse. Rappelons, en effet, que les pleurétiques présentant une lésion pulmonaire en évolution sont fort nombreux. M. Netter note que sur 50 pleurétiques étudiés par lui, 11 avaient déjà présenté antérieurement des manifestations notoirement tuberculeuses. Frobenius trouve 6 malades sur 32 pleurétiques atteints de tuberculose pulmonaire. Sittmann en trouve 56,88 0/0. Aussi, est-il logique de ne considérer comme bien guéris de leur maladie que les malades ne présentant pas de lésions pulmonaires au moins 3 ans après leur pleurésie.

La tuberculose pulmonaire elle-même après guérison se comporte comme les précédentes tuberculoses et ne favorise pas plus qu'elles l'apparition d'une nouvelle attaque de tuberculose. Brouardel a vu ainsi que chez des individus âgés de plus de 30 ans, ayant séjourné quelques années à Paris, il existe des lésions tuberculeuses anciennes cicatrisées du poumon dans la moitié des cas. Or, la morbidité tuberculeuse générale n'est guère que de 20 0/0 et sur ce nombre, les individus âgés de moins de 30 ans fournissent le plus fort contingent. On peut donc conclure de la statistique de Brouardel qui n'envisage que des lésions macroscopiques bien nettes, qu'après guérison d'une première atteinte de tuberculose pulmonaire, les individus touchés ne présentent que peu de chances de se réinfecter.

En somme quelle que soit la forme de tuberculose dont a été atteint un individu, s'il s'agit d'une tuberculose bien guérie, sans autres manifestations concomittantes, ganglionnaires, séreuses ou viscérales, l'on peut dire que, dans la suite, l'individu antérieurement atteint n'est pas plus exposé à une réinfection tuberculeuse qu'un individu normal.

Il est utile de distinguer cette guérison absolue des trèves prolongées que l'on observe au cours de la tuberculose et le meilleur critérium qui permette de faire cette distinction est le temps qui s'est écoulé depuis la guérison apparente d'une manifestation tuberculeuse sans qu'il se produise d'autres accidents tuberculeux. On peut dire, d'une manière grossière, qu'un tuberculeux est guéri quand 4 ans environ après la guérison apparente de sa première manifestation tuberculeuse, il demeure sans manifestations tuberculeuses appréciables, en conservant une santé générale excellente. En dehors de cette constatation, avons-nous quelques signes nous permettant de dépister une tuberculose évoluante pendant ces périodes de trève prolongée ? Nous avons signalé dans plusieurs communications les caractères chroniques des phénomènes critiques à la fin des poussées aiguës de tuberculose pulmonaire, si bien que longtemps après la fin d'une poussée l'on peut constater que le malade n'est pas encore revenu à son état normal. Un état subfébrile, joint à une éosinophilie sanguine persistante, à de l'hypotension artérielle permanente, à des décharges chlorurées urinaire chroniques, à un fort pouvoir agglutinant et précipitant du sérum, à une cuti-réaction très marquée, sont autant de caractères qui nous permettent de dire que le processus tuberculeux n'est pas éteint. Malheureusement ces symptômes eux-mêmes disparaissent à la longue, quelques-uns comme l'éosinophilie fort lentement, sans que pour cela l'on puisse affirmer la guérison de la tuberculose, et il arrive un moment où, pour apprécier cette guérison, l'on ne peut se baser que sur un calcul de probabilité analogue à celui que nous faisions plus haut.

De tout ce que nous venons de dire, il résulte que les faits observés jusqu'ici sont conformes à ceux observés par M. Marfan. Cela nous permet-il de conclure que la guérison d'une tuberculose immunise contre des atteintes ultérieures de cette maladie ? Ici évidemment l'hypothèse commence et de nombreuses objections peuvent être soulevées.

M. Marfan reconnaît que le lupus et les écrouelles sont des tuberculoses atténuées, comme le montrent la rareté des bacilles, l'inconstance des résultats de l'inoculation, la marche très lente de la tuberculose pulmonaire chez les individus atteints de tuberculoses locales. « Or, dit-il, une tuberculose atténuée peut guérir et cette guérison donne l'immunité pour la tuberculose grave. » Ce à quoi on a pu objecter qu'il était un peu hasardé de conclure dans ce cas à l'immunité ; du fait qu'un malade guéri d'une tuberculose atténuée ne présente pas dans la suite de tuberculose pulmonaire, cela peut signifier non pas qu'il est immunisé, ni même plus résistant, mais tout simplement qu'il se trouve placé dans les conditions d'un individu quelconque n'ayant jamais eu de tuberculose et, qui plus ou moins résistant, mais non immunisé, échappera toute sa vie à cette maladie.

M. Marfan objecte que 1/200e seulement des écrouelleux guéris dans l'enfance deviennent phtisiques, tandis que sur 200 adultes pris au hasard, 40 sont tuberculeux. Mais les deux statistiques ne sont pas très comparables, puisque parmi les écrouelleux un grand nombre sont déjà morts de tuberculose, et que la statistique établie par M. Marfan porte sur des sujets sélectionnés, en quelque sorte, et ayant pu survivre à leur première infection parce qu'ils étaient antérieurement plus résistants. Au contraire, sur 200 individus pris au hasard, on prend en masse les sujets résistants et non résistants et de ce fait, la comparaison peut se trouver faussée.

Une autre objection peut être faite, qui a déjà été prévue par M. Triboulet. Les lésions tuberculeuses sont fréquemment systématisées et un individu qui fait de la tuberculose lymphatique a par cela même peu de tendance à faire de la tuberculose séreuse ou pulmonaire et inversement. On sait, par exemple, qu'un tuberculeux génito-urinaire, bien qu'il présente des lésions peu guérissables, ne fait que rarement et tardivement de la tuberculose pulmonaire. Nous venons ainsi d'observer un bel exemple de cette systématisation : un malade atteint de tuberculose pleuro-péritonéale ne présentait à l'autopsie aucune lésion tuberculeuse des poumons, malgré l'étendue et l'ancienneté des lésions tuberculeuses des séreuses. D'ailleurs, il s'agit ici d'un fait fort connu des vétérinaires et Nocard a montré ainsi la remarquable systématisation des lésions dans la tuberculose des bovidés. Cette systématisation des lésions peut fournir un gros argument contre la théorie de M. Marfan. Si les écrouelleux guéris ne font pas de tuberculose pulmonaire, ce n'est pas parce qu'ils sont immunisés, mais bien, parce qu'en tant que tuberculeux lymphatiques, ils n'ont aucune tendance à faire de la tuberculose pulmonaire. Remarquons à cet égard que M. Marfan établit que les écrouelleux et les lupiques non guéris font aussi exceptionnellement de la tuberculose pulmonaire, ce qui montrerait encore mieux l'antagonisme entre ces deux ordres de lésions et viendrait presque à l'encontre de ses théories.

De plus chez l'enfant, la tuberculose a une grande tendance à se localiser sur le territoire lymphatique plus que sur les différents viscères. Ceci pourrait expliquer pourquoi un aussi grand nombre d'enfants guéris de leurs écrouelles dans le jeune âge ne font pas de tuberculose pulmonaire. A ce moment, ils sont peu exposés aux envahissements viscéraux. Plus tard, un assez long temps s'étant écoulé depuis la guérison de leur tuberculose, ils ont relativement peu de chances de se réinfecter. Au contraire, les écrouelleux guéris de leurs adénopathies après vingt ans, à un âge où les lésions ganglionnaires sont l'exception et les lésions viscérales la règle, ont beaucoup plus de chances de faire de la tuberculose pulmonaire.

Les arguments invoqués par M. Marfan ne lèvent donc pas tous les doutes et la clinique semble insuffisante pour réfuter à elle seule toutes les objections élevées contre la théorie de l'immunité tuberculeuse. On ne pourrait interpréter les faits observés comme le fait M. Marfan que si les faits expérimentaux démontraient manifestement la possibilité de cette immunité, mais jusqu'à ce que cette preuve soit faite d'une manière évidente, il semble que les faits cliniques, que nous avons rapportés, puissent être conçus d'une façon toute différente, d'autant qu'il semble que notre conception de l'immunité dans les maladies chroniques tende à se modifier singulièrement. Pour la syphilis, par exemple, l'on admet aujourd'hui qu'il n'y a pas d'immunité générale comparable à celle des maladies infectieuses telle que la fièvre typhoïde, mais qu'il existe seulement une résistance locale des tissus *directement* infectés par le Tréponème, résistance qui tend à se généraliser au fur et à mesure que l'infection syphilitique atteint de nouveaux territoires. Il est fort possible qu'il en soit de même pour la tuberculose et que seuls les tissus *directement* infectés par le bacille de Koch présentent une résistance marquée à une nouvelle infection. C'est ce qui expliquerait les résultats un peu déconcertants observés d'une part par M. Wallée dans ses expériences sur les bovidés, d'autre part par les observateurs qui se sont occupés du phénomène de Koch, les résultats devant être forcément variables suivant la voie et le lien employés pour la réinoculation d'épreuve. Dans cette conception l'on pourrait dire en somme qu'un tissu infecté par le bacille de Koch ne peut être que très difficilement réinfecté, mais comme cette résistance à la réinfection ne se généralise pas, l'immunité tuberculeuse, si immunité il y a, reste purement locale et ne peut être comparée à l'immunité générale des maladies infectieuses aiguës.

L'hypersensibilité à la tuberculine ancienne de Koch.

M. Fernand Bezançon
Professeur agrégé, Médecin de l'Hôpital Tenon (Paris).

et

M. André Philibert, ancien interne,
médaille d'or des Hôpitaux, licencié ès sciences naturelles (Paris).

On a publié sous le nom d'accoutumance à la tuberculine, d'anaphylaxie à la tuberculine des faits disparates, parfois contradictoires. Sans vouloir préjuger de leur pathogénie, nous les groupons sous le nom provisoire d'hypersensibilité, en rappelant les faits qu'on observe après l'injection unique ou répétée de tuberculine à l'homme et l'animal sain et tuberculeux.

A. — INJECTION UNIQUE DE TUBERCULINE (OU PREMIÈRE INJECTION).

1° *Pratiquée chez les sujets non tuberculeux.* — α) Chez *l'animal sain.* — Depuis les premières communications de Koch, il est bien connu que la tuberculine, injectée sous la peau à *haute dose* (quelques grammes, suivant la taille de l'animal) provoque la mort de celui-ci avec des phénomènes d'asphyxie et de paralysie cardiaque (Koch).

Même prises par *ingestion* les fortes doses de tuberculine sont toxiques, mais plus lentement. Pour Calmette et Breton (1), les cobayes de 130 à 150 grammes meurent en deux à sept jours après ingestion de 2 centigrammes de tuberculine précipitée (soit 2^{gr},50 de tub. brute) et les cobayes de 350 à 400 grammes en quarante à quarante-cinq jours par ingestion de 5 centigrammes de même tuberculine.

Il ne s'agit pas là d'hypersensibilité.

A *dose minime* (milligramme ou fraction de milligramme) la tuberculine, injectée *sous la peau,* ou même dans les *veines,* ne provoque pas de troubles généraux ; les phénomènes locaux, quoique légers avec une dose de quelques milligrammes chez le bœuf, le cobaye, la chèvre, sont nuls chez le chien, chez la poule qui peut supporter sans réaction parfois une dose de 10 grammes (Straus) ; les phénomènes locaux sont nuls chez tous les animaux sains avec des doses infinitésimales (fractions de milligrammes).

Par opposition à cette résistance à l'inoculation sous-cutanée, il faut signaler l'extraordinaire sensibilité à la tuberculine de l'animal sain, quand on l'injecte directement dans le cerveau.

Lingelsheim, puis Borrel (2) ont montré que l'inoculation intra-cérébrale tue le cobaye sain à la dose de 3 à 4 milligrammes. — Slatineano et Danielopol ont montré que le simple traumatisme de l'encéphale (piqûre aseptique) rend

(1) CALMETTE et BRETON : *Sur les effets de la tuberculine absorbée par le tube digestif chez les animaux sains et les tuberculeux.* — C. R. Acad. Sc. CXLII.

(2) BORREL : *C. R. Soc. Biol.,* janv. 1909).

l'animal plus sensible à l'inoculation sous-cutanée de tuberculine. Cette sensibilité (réaction thermique de 1°,5 à 2°,3 pour une dose de 1 centimètre cube de tuberculine à 1 0/0) apparaît le sixième jour après le traumatisme et disparaît le seizième jour (1).

α') Chez l'*animal non tuberculeux* mais atteint d'une autre maladie, une petite dose de tuberculine donne parfois une réaction générale ou locale. Klein, en 1893, avait déjà remarqué que les lapins porteurs d'un érysipèle de l'oreille faisaient une réaction locale et générale avec 5 milligrammes de tuberculine.

Feitsmantel (2) obtient une réaction positive chez le cobaye injecté par le *streptothrix farcinia*, avec 4 milligrammes de tuberculine.

Arloing (3) intoxique expérimentalement des lapins sains avec des toxines diphtérique, éberthienne, staphylococcique, tétanique, puis il pratique l'ophtalmoréaction à la tuberculine, qui est très marquée surtout pour les lapins imprégnés de toxine diphtérique ou éberthienne.

Calmette et Guérin (4) ont obtenu le même résultat, mais seulement pour l'infection éberthienne expérimentale.

On peut donc conclure que si l'animal sain ne présente pas d'hypersensibilité naturelle à la tuberculine, l'animal atteint d'une maladie voisine de la tuberculose, ou d'une autre maladie infectieuse peut de ce fait se trouver en état d'hypersensibilité à la tuberculine.

β) *Chez l'homme sain.* — On connaît l'expérience classique de Koch sur lui-même. Il en résulterait que l'homme sain est *plus sensible* à la tuberculine que l'animal. Alors que le cobaye supporte 2 grammes de tuberculine, l'homme supposé sain réagit contre 25 centigrammes et même contre 1 centigramme de tuberculine (Koch).

L'extraordinaire fréquence de la tuberculose latente chez l'adulte rend cette conclusion douteuse. Naegeli admet chez l'adulte la proportion de 96 0/0, et chez le vieillard celle de 100 0/0 de tuberculose latente ou avérée. Comme nous l'avons dit ailleurs (5), ce n'est que chez l'enfant apparemment sain qu'on peut espérer trouver des sujets indemnes de tuberculose. Dans ce cas, l'épreuve diagnostique à la tuberculine (injection de deux dixièmes de milligrammes cuti-réaction) est souvent négative, ce qui, — indépendamment de la valeur diagnostique qu'on peut attribuer à ce fait — montre que l'homme *sain* n'est pas sensible à une petite dose de tuberculine.

β') Chez l'homme *non tuberculeux*, mais malade il en est tout autrement (6).

On observe des réactions positives pour une faible dose, chez les sujets atteints d'une affection parente bactériologiquement de la tuberculose, comme la lèpre, l'actinomycose.

Fréquemment aussi, réaction positive au cours d'une *affection fébrile* aiguë, Klein (7) dès 1893 avait observé le fait chez des *érysipélateux*, redevenus apyrétiques, (réaction thermique et reviviscence de la plaque érysipélateuse). Paisseau et Tixier ont constaté, récemment, la cuti-réaction tuberculinique positive chez

(1) Slatineano et Danielopol : *C. R. Soc. Biol.*, 2 janv. 1908).

(2) Feistmantel : *Centralbl f. Bakt*, t. xxvi, 1904.

(3) Arloing : *Soc. Biol.*, 25 janvier 1008.

(4) Calmette et Guérin : *Soc. biol.*, 23 mai 1908.

(5) F. Bezançon et A. Philibert : *Journ. de Méd. française* n° 7, 1910.

(6) Nous n'insisterons pas de nouveau sur la difficulté d'interprétation de la réaction chez les adultes, qui peuvent être tuberculeux latents (lépreux).

(7) Klein : *Ursache den Tuberkulin Wirkung*, Vienne, 1893.

les typhiques. L'un de nous, avec H. de Serbonnes (1), a observé une sous-cuti-réaction positive et très intense chez un pneumonique à l'autopsie duquel l'examen le plus minutieux ne permit pas de déceler macroscopiquement le moindre foyer tuberculeux.

Par contre, au cours de la coqueluche et sourtout de la rougeole, la cuti-réaction est toujours *négative* (von Pirquet).

Baur (2), dans l'ictère (lithiasique catarrhal, etc.) constate l'ophtalmo-réaction positive dans cinq cas sur six.

Certains *états locaux* semblent prédisposer aux réactions tuberculiniques locales. En cas de conjonctivite banale, l'oculo-réaction est très intense (de Lapersonne, Kalt...). Dans les maladies de peau, Mallein (3) signale les faits curieux suivants. Dans certaines dermatoses (érythème polymorphe, herpès iris, urticaïré, zona), Thibierge et Gastinel (4) constatent que la cuti-réaction est positive et prend le type anatomique de la lésion cutanée : papuleuse, vésiculeuse, urticarienne, zoniforme, « à tel point qu'il est difficile de distinguer les éléments spontanés de la cuti-réaction » ; la maladie terminée, la cuti-réaction répétée est négative. Mallein, obtient une cuti-réaction à type psoriasiforme chez un psoriasique. Carnot (5), dans un cas d'érythème noueux, pratique deux cuti-réactions simultanées : l'une aux régions atteintes de nouures, l'autre en une région indemne ; la première est positive, la seconde négative.

2° Pratiquée chez un sujet tuberculeux. — α) Chez *l'animal tuberculeux*, une dose minime (selon le poids de l'animal) fait apparaître une réaction générale ou locale, parfois même provoque la mort de l'animal.

Chez le cobaye, tuberculeux, cette sensibilité n'apparaîtrait pas immédiatement après l'inoculation du bacille de Koch. Un intervalle de six jours (Koch), de quatorze jours (Trudeau, Baldwin et Kinghorn) serait nécessaire pour que l'état d'hypersensibilité soit appréciable ; cette sensibilité augmente à mesure que progresse l'infection.

Le troisième jour après l'inoculation du bacille, une dose de 50 milligrammes de tuberculine *(sous-cutanée)* donne une réaction thermique ;

Le vingtième jour la même dose est *mortelle* ;

Le vingt-cinquième jour une dose de 10 milligrammes est mortelle ;

Le trentième jour une dose de 5 milligrammes est mortelle ;

Le soixantième jour une dose de 1 milligramme tue l'animal.

Par la *voie intra-cérébrale*, la sensibilité est encore accrue. Alors que 3 à 4 milligrammes sont nécessaires pour tuer de cette façon le cobaye sain, le cobaye tuberculeux est tué, au douzième jour (de l'inoculation du bacille tuberculeux) par un dizième de milligramme. La dose mortelle s'abaisse les jours suivants à un cinquantième, un centième de milligramme ; à six semaines, il suffit d'un millième de milligramme pour tuer le cobaye.

Par contre, la voie rectale semble presque inoffensive. Sur les cobayes tuberculeux, Panisset n'en put tuer qu'un avec 10 milligrammes ainsi injectés.

La voie stomacale n'avait donné que des résultats négatifs à Koch, Petrowsky, Spengler, Laffert, Löwenstein, etc. ; au contraire Freymouth (6), et surtout

(1) F. Bezançon et H. de Serbonnes : *Journ. de Phys. et Path. gén.*, n° 6, nov. 1909 et *Soc. Méd. Hôp.*, 11 mars 1910.
(2) Baur : *Rev. de la Tuberculose*, n° 3, juin 1908.
(3) Mallein : Th., Paris 1910.
(4) Thibierge et Gastinel : *Bull. Soc. Méd. Hôp.*, 6 mai 1909.
(5) Carnot : *Bull. Soc. Méd. Hôp.*, 6 mai 1909.
(6) Freymouth : *Munch. Med. Woch.*, 10 janvier 1903.

Calmette et Breton (1) obtinrent une réaction thermique par ingestion de 1 milligramme de tuberculine, chez le cobaye infecté, il faut le remarquer, par la même voie (2 milligrammes de bacille de Koch).

Les bovidés (2) (Nocard, Schweinitz, Vallée, Bang) ; le cheval (Bang) ; la chèvre (Eichhorn) ; le mouton (Mayer) ; le porc (Schröden, Mohler, Luckey) tuberculeux, sont sensibles à de faibles doses relativement de tuberculine ; par contre, le chien (Fröhner, Pœnaru, Roussel (3) ; le chat (Roussel) ne présentent pas toujours de réaction, la poule non plus (Straus).

Les réactions locales (ophtalmo, cuti-réactions) sont positives chez les animaux tuberculeux. Arloing a vu des cuti-réactions négatives chez des animaux ayant reçu la tuberculose par inoculation. Pour Vallée, en tout cas, la cuti-réaction est constante chez les animaux spontanément tuberculeux.

β) *Chez l'homme tuberculeux.* — Depuis Koch, et son école, Grasset et Vedel, Hutinel, etc., il est démontré que l'homme tuberculeux, inoculé avec une dose minime (milligramme) de tuberculine présente une réaction générale fébrile. On sait qu'on a appris à connaître ces dernières années des réactions locales, après application locale de la tuberculine (cuti-réaction, oculo-réaction, etc.).

Mais la constance d'une réaction locale en général est loin d'être la règle dans tous les cas de tuberculose avérée (pour une petite dose). La réaction présente des variations d'intensité et peut même faire défaut.

On observe des *réactions positives* surtout dans les formes de tuberculose torpides : dans la tuberculose ganglionnaire, la scrofule, la tuberculose osseuse, et d'une façon générale dans les tuberculoses localisées, et dans les tuberculoses latentes. Dans la tuberculose pulmonaire la réaction est positive surtout tout à fait au début, quand les lésions sont encore peu étendues : la réaction est dans tous les cas intense et précoce, c'est-à-dire qu'elle survient rapidement après l'épreuve,

L'un de nous (4) avec H. de Serbonnes, a établi que la tuberculose pulmonaire chronique évolue en poussées successives fébriles, cycliques, de durée variable ; à la fin de ces poussées, on constate une augmentation générale du taux des anticorps (précipitines, agglutinines) et à ce moment la cuti-réaction devient plus intense, ou — de négative — devient positive. D'une façon générale la cuti-réaction est plus intense aux fins de poussées, et chez les malades en voie d'amélioration qui tendent à redevenir latents.

Mais chez les tuberculeux avérés la réaction à la tuberculine est souvent négative. D'abord pendant les processus tuberculeux aigus (méningite, granulie) dans les tuberculoses à marche rapide, dans les tuberculoses pulmonaires étendues, surtout au moment des poussées fébriles, quand elle se produit, la réaction est modérée et tardive (Moeller et Kayserling, Turban, Kremser). Enfin il est presque constant de voir manquer la réaction chez les tuberculeux cavitaires, cachectiques (Grasset, von Pirquet (5), Léon Petit (6). Cette dernière notion, constatée par les premiers expérimentateurs qui ont utilisé la tuberculine, est restée intangible.

Un autre fait extrêmement curieux, bien mis en évidence par von Pirquet,

---

(1) CALMETTE et BRETON : *C. R. Acad. d. Sciences.* t. CXLII, p. 444.

(2) Pour Storch, l'administration de certains médicaments, comme l'acétanilide à la dose de 30 grammes, empêche la réaction fébrile chez un bovidé tuberculeux.

(3) ROUSSEL : *Bull. Soc. cent. Méd. Vét.,* 6 mai 1909.

(4) *Loc. cit.*

(5) V. PIRQUET : *Wien. Klin. Woch.* 17 sept. 1907.

(6) L. PETIT : *Le diag. de la tub. par l'ophtalmo-réaction,* Paris, Masson.

confirmé par J. Lemaire (1), est la disparition de la faculté de réagir à la tuberculine pendant certaines maladies comme la coqueluche, et surtout la rougeole. Chez les petits rougeoleux tuberculeux, qui ont réagi avant leur maladie, la cuti-réaction est négative pendant la période aiguë de la maladie. Ce fait est d'autant plus intéressant que nous avons vu les autres maladies infectieuses s'accompagner en général d'une augmentation de la sensibilité à la tuberculine.

B. — INJECTIONS RÉPÉTÉES DE TUBERCULINE.

1° *Pratiquées chez les animaux sains.* — α) *Chez l'animal sain.* — Les inoculations répétées de tuberculine à l'animal sain, ont été reprises par quelques auteurs. Calmette et Breton font ingérer de la tuberculine (précipitée), à des cobayes : les jeunes meurent quand on atteint une dose de 10 milligrammes ; les adultes une dose de 95 milligrammes. Slatineano et Danielopol injectent d'abord 1 centimètre cube de tuberculine brute sous la peau d'un cobaye, puis ensuite trois gouttes d'émulsion de bacilles ; avant le cinquième jour, ils n'obtiennent pas de réaction, mais entre le cinquième et le seizième jour après la première inoculation, une seconde inoculation détermine une réaction thermique de 1°,5 à 2°,3. Si la première inoculation a été pratiquée dans le cerveau, la seconde, sous-cutanée, détermine la mort. La première expérience répétée sur cent cobayes, a été toujours constante (2).

Marie et Tiffeneau (3) inoculent sous la peau 10 centigrammes de tuberculine à un lapin neuf. Dix-sept jours plus tard une nouvelle inoculation sous-cutanée ne donne rien, tandis que l'inoculation intra-cérébrale (5 milligrammes) détermine la mort en une heure.

Calmette, Breton et Petit injectent de la tuberculine dans les veines d'un lapin, puis seize heures après recherchent l'ophtalmo-réaction. Quand l'inoculation intra-veineuse de tuberculine est minime (de 2 milligrammes à 1 centigramme) l'oculo-réaction est légère, mais néanmoins positive. Quarante-huit heures après l'oculo-réaction recherchée sur l'autre œil est tantôt négative, tantôt positive, mais retardée. Le troisième jour, l'oculo-réaction répétée est négative.

Quand la dose intra-veineuse de tuberculine atteint 10, 15 centigrammes, la réaction oculaire pratiquée seize heures après est négative.

Il semblerait donc que le cobaye sain soit légèrement sensibilisé par une première injection de tuberculine — s'il faut tenir compte d'une réaction thermique chez le cobaye (4).

β) *Chez l'homme sain.* — Grosse difficulté ici encore à cause de la fréquence de la tuberculose chez l'adulte.

En appliquant, suivant la méthode de Koch, reprise par Grasset et Vedel, Max Wolff, des doses croissantes de deux dixièmes, cinq dixièmes, 1 milligramme et ainsi jusqu'à 10 milligrammes chez des individus apparemment sains, on obtient dans 54 0/0 de réactions positives à la deuxième, la troisième injection ou plus tard encore. Y a-t-il lieu de conclure que les injections répé-

(1) J. LEMAIRE.

(2) Il n'y a pas d'antituberculine dans le sérum (SLATINEANO et DANIELOPOL).

(3) Ce seul critérium nous semble très délicat.

(4) (Loc. cit.).

tées de tuberculine donnent lieu à une réaction chez l'individu sain ? Mœller, Löwenstein et Ostrowsky (1) reprochent à cette manière de faire deux causes d'erreur : pour eux les doses rapidement croissantes et fortes peuvent diminuer la sensibilité chez les tuberculeux et l'augmenter chez l'individu sain. Et ils pensent éviter ce double inconvénient en pratiquant des doses égales, mini- mes et régulièrement espacées (deux dixièmes de milligramme tous les trois ou quatre jours) : chez l'individu tuberculeux il y aurait réaction avant la qua- trième injection, chez l'individu sain, la réaction, quand elle se produit, ne survient pas avant la septième injection.

Franz, (2) chez les recrues nouvelles d'un régiment autrichien, obtient par des injections répétées de tuberculine 244 cas positifs, sur 400, soit 61 0/0. Sur ces 244 cas, 94, soit 39 0/0, étaient reconnus tuberculeux 7 ans après. Cela montre que la réaction avait décélé la tuberculose latente.

Mais si, aussi bien dans les anciennes statistiques que dans celle de Franz, on retrouve la proportion, on voit, sans prendre garde aux cas positifs toujours suspects de tuberculose latente et sur lesquels on ne peut rien conclure, — qu'il y a 46 0/0 d'une part, 39 0/0 d'autre part d'individus apparemment sains qui ne donnent pas de réactions avec les injections répétées de tuberculine, ce qui permettrait de conclure, avec Hamburger (3), que chez l'individu sain, les injections de tuberculine ne déterminent pas d'hypersensibilité (4).

De même, chez l'enfant sain (apparemment) J. Lemaire *(loc. cit.)* fait simul- tanément une cuti-réaction et une ophtalmo-réaction qui sont toutes deux négatives; trois jours après, une nouvelle cuti est encore négative.

2º *Pratiquées chez les sujets tuberculeux. —* α. Chez les *animaux tuberculeux.* — Depuis Koch, on admet que l'injection répétée de tuberculine à des bovidés tuberculeux détermine une accoutumance qui se traduit par une réaction faible ou nulle à chaque nouvelle injection de tuberculine. Nocard, sur vingt-quatre vaches tuberculeuses obtient vingt-quatre ou quarante-huit heures après une première tuberculinisation, une seconde réaction positive dans un tiers des cas; après huit jours, la proportion des cas positifs monte à 50 0/0 et après quinze jours à 60 0/0; au bout d'un mois tous les animaux réagissent de nouveau. Malim dit qu'on peut vaincre cette accoutumance à condition que la deuxième injection soit une haute dose de tuberculine. On sait le rôle que joue l'accou- tumance dans la possibilité des fraudes dans l'importation du bétail.

Cette accoutumance, cette absence de réaction ne sont pas réels pour Vallée, qui a montré que Nocard cherchait une réaction à un moment où elle est déjà terminée. Après une première injection de tuberculine, l'animal réagit à une seconde, mais dans les heures qui suivent l'inoculation; la réaction seconde est *précoce* et *éphémère.*

Malim, Lignières, Reeser, etc., confirment les conclusions de Vallée.

Les réactions locales successives sont possibles; la cuti ou l'ophtalmo-réaction sont souvent positives, à la deuxième ou la troisième reprise, si elles sont espa-

---

(1) LÖWENSTEIN, MŒLLER et OSTROWSKY : *Diagnostic de la tuberculose pulmonaire.* Paris, Poinat, 1907.

(2) FRANZ : cité par Wollf, Eissner. *Handbuch der Serotherapie,* 1910.

(3) HAMBURGER : *Munch. Med. Woch.,* 21 juin 1910.

(4) HAMBURGER dit exactement : « Chez l'homme (enfant) non tuberculeux, les injections de tubercu- line ne produisent ni hypersensibilité à la tuberculine, ni non plus d'immunité à la tuberculine ». Par absence d'hypersensibilité, Hamburger entend qu'il n'y a pas de réaction, mais ce n'est pas de l'immunité car il n'y a pas d'antituberculine démontrable par la méthode de PICKERT, LOWENSTEIN, ARLOING, dans le sérum.

·cées (Vallée). L'injection préalable de tuberculine, suivie d'une occulo-réaction chez le bœuf, rend cette réaction intense (1).

Chez le *cobaye tuberculeux*, des doses progressivement croissantes lui donnent l'accoutumance, c'est-à-dire qu'il arrive à supporter sans mourir une dose de 200 ou 300 milligrammes de tuberculine qui serait mortelle injectée d'emblée (Koch).

β) *Chez l'homme tuberculeux.* — L'inoculation répétée de tuberculine, à doses progressives et rapidement croissantes permet de faire supporter des doses énormes sans accident. Au bout de trois semaines, la dose supportée peut être cinq cents fois plus forte qu'au début (Koch).

Mais il se produisait parfois cependant une réaction locale à la piqûre déjà mise en évidence par Escherich, Epstein : il ne semble pas qu'on lui ait donné tout d'abord là valeur d'un phénomène d'hypersensibilité. C'est cependant par elles qu'on apprécie le plus souvent l'hypersensibilité (cuti-réaction, réaction à la piqûre).

Les *réactions locales* ont été bien étudiées par von Pirquet et J. Lemaire. Lorsque chez un enfant tuberculeux qui a réagi à une première injection sous-cutanée de tuberculine, on pratique des cuti-réactions en série, mais en des points divers (2), toutes ces cuti-réactions sont positives. La seconde diffère de la première par la précocité de son apparition, l'augmentation de son intensité et de son étendue, par la rapidité de son évolution (von Pirquet, J. Lemaire) ; la troisième cuti-réaction est plus atténuée que la première ; la quatrième ressemble à la première. J. Lemaire en tire comme conclusion que la deuxième cuti correspond à un stade d'hypersensibilité et la troisième à un stade d'immunisation (3).

Il convient de remarquer que dans les expériences de J. Lemaire, la première injection était une injection diagnostique faible (deux dixièmes de milligramme ?)

Dans les injections successives de tuberculine, il semble que la possibilité des réactions soit, dans une certaine mesure, en rapport avec les doses de tuberculine et la façon de les appliquer.

Les *doses fortes* (milligramme) progressivement et rapidement croissantes selon la méthode de Koch, Grasset et Vedel. rendraient insensibles aux réactions locales ou générales (accoutumance de Koch) Löwenstein et Rappoport, Hamburger).

Escherich obtient une cuti-réaction négative après l'injection de grosses doses de tuberculine (partant de un milligramme) chez un scrofuleux. Löwenstein et Rappoport observent qu'une dose initiale très forte de tuberculine empêche les réactions ultérieures (également Hamburger).

Les *doses moyennes* (dixièmes de milligrammes) répétées ou très lentement croissantes favoriseraient au contraire les réactions ultérieures. Löwenstein et Rappoport observent que les réactions à la tuberculine apparaissent plus fréquemment chez les individus qui ont reçu antérieurement l'injection diagnostique (deux dixièmes de milligramme) que chez ceux qui ne l'ont pas reçu ou qui n'y ont pas réagi. Löwenstein, Mœller et Ostrowsky ont observé que, si

---

(1) Il est à noter aussi, quoiqu'il ne s'agisse là que d'une sensibilité reversive si l'on veut que l'injection de tuberculine réveille une ophtalmo ou une cuti-réaction ·nouvelles (GUÉRIN et DELATTRE), SLATINEANO, LEMAIRE, VALLÉE, CALMETTE, PIGEAL, etc.

· (2) On n'a point, que nous sachions, pratiqué de cuti-réactions au même point.

' (3) En pratiquant des cuti-réactions en série (sans inoculation préalable de tuberculine) chez des enfants tuberculeux, les cuti-réactions secondes sont toujours positives et parfois très marquées (GUINARD, J. LEMAIRE).

l'on fait des inoculations répétées de tuberculine avec des doses égales et régulièrement espacées (deux dixièmes de milligramme tous les trois ou quatre jours) on détermine sur :

172 cas, 57 réactions à la 1re injection
— 45 — 2e —
— 52 — 3e —
— 18 — 4e —
— 2 — 5e —

Petruschky, au sanatorium de Belzig, croit qu'avec des doses faibles, et très lentement croissantes, le malade reste continuellement capable de réagir, même à des doses faibles, et cela pendant un temps très long de quatre à douze mois, jusqu'à cinq ans même (Petruschky), puis survient une période, très courte (trois mois) pendant laquelle le sujet est insensible (1).

Löwenstein (2) publie deux courbes typiques au point de vue de l'action des doses sur les réactions. Un malade, traité par des doses successives de 4, 5, 6 milligrammes jusqu'à *10 grammes*, ne réagit jamais, tandis qu'un autre malade traité par des doses de un dixième de milligramme, un dixième, un dixième, etc., deux dixièmes, trois dixièmes, etc., pour aboutir dans le même temps à la dose de *1 milligramme*, réagit presque à chaque injection, et surtout avec des doses minimes. Cette faculté de réagir avec les doses minimes thérapeutiques actuellement employées existe dans quatre-vingt-un cas sur cent soixante-sept, soit la moitié des cas traités par Löwenstein.

Par contre, les doses infinitésimales (millièmes, millionnièmes de milligramme) lentement et faiblement progressives (au plus dans la proportion de un à 2 (Sahli) donneraient entre les mains de Denys, Küss, et surtout Sahli (3), une accoutumance qui se traduit par l'*absence* de *réactions*. Pourtant Sahli doit de temps à autre voir des réactions, car il conseille de suspendre le traitement pour le reprendre avec une dose plus faible si l'on observe une légère poussée thermique.

Selon Sahli, la *dilution* de la solution aurait aussi une influence. Une même dose de tuberculine donnerait d'autant plus facilement une réaction qu'elle est plus concentrée.

Spengler (4) emploie de même des doses infinitésimales. Il invoque de plus une autre cause d'hypersensibilité. Pour lui, l'infection tuberculeuse humaine est double, par le bacille bovin et le bacille humain ; tantôt l'une des deux races prédomine, tantôt elles sont égales. Les tuberculeux infectés d'une manière prépondérante ou exclusive par le bacille humain, donnent des réactions locales ou générales avec les poisons extraits du bacille humain, mais n'en donnent pas avec ceux extraits du bacille bovin, et inversement. D'où le principe de Spengler de traiter, afin d'éviter les réactions, avec la toxine de l'infection non prédominante.

Causes de l'hyper et de l'hypo-sensibilité. — Sahli fait remarquer que le mécanisme de l'accoutumance aux poisons est très différent suivant chacun d'eux. Par exemple, pour l'arsenic, c'est l'intestin qui ne l'absorbe plus, pour la morphine, c'est le foie qui la détruit en plus grande proportion ; l'accoutumance aux toxines microbiennes se fait par la production d'antitoxine. Sahli pense

(1) D'où le procédé de la tuberculinothérapie par étapes.
(2) LÖWENSTEIN : *Tuberculinotherapie, in Immunitäts. Forschung de Kraus et Lévaditi,* 1909.
(3) SAHLI : *Le traitement de la tuberculose par la tuberculine,* Genève, 1908 et *Ueber Tenberkulinbehandlung-Basel* 1910.
(4) SPENGLER : *Central blatt für Bakt.,* XLIV. Bd., 1907.

qu'il en est de même pour la tuberculine, par la production dans l'organisme d'antituberculine. La présence dans le sang d'antituberculine a été recherchée dans le sang par deux méthodes : 1° La méthode de la déviation du complément, par Wassermann et Brucke, J. Citron, et 2° la méthode des réactions locales (Pickert, Löwenstein, Arloing, Calmette). Le sérum d'un individu traité mélangé à de la tuberculine doit, s'il renferme de l'antituberculine, neutraliser la tuberculine et ne pas donner de résultat positif à une cuti-réaction pratiquée avec le mélange, chez un tuberculeux qui réagit d'ordinaire.

Or, l'inoculation répétée de tuberculine chez l'animal sain, même s'il réagit (Trudeau, Baldwin et Kinghorn), ne provoque pas la formation d'antituberculine dans le sérum. Il en est de même chez le lapin (Calmette). Il en serait de même également chez l'enfant sain (Hamburger).

Donc dans l'organisme sain la tuberculine semble ne déterminer aucune réaction.

Chez le tuberculeux, les inoculations répétées de tuberculine provoquent au contraire la formation d'antituberculine (Löwenstein et Pickert, Hamburger, Sahli...), décelable par la méthode de Pickert, Löwenstein, Arloing.

Hamburger pense que les petites doses progressives font bien naître une immunité réelle avec présence d'antituberculine.

L'absence de réaction s'expliquerait par la destruction de la tuberculine par l'anti-tuberculine.

Mais à côté de cette non-sensibilité liée à la présence d'antituberculine il y aurait encore des non-sensibilités et pseudo-accoutumances, dans les cas où le traitement est fait avec de hautes doses de tuberculine.

Enfin, chez les cachectiques, même présentant de l'antituberculine dans le sérum, la non-sensibilité (et non pas l'accoutumance), serait due à l'incapacité de réaction.

Il y aurait encore la non-sensibilité des individus sains, qui ne réagissent pas et ne présentent pas pourtant d'antituberculine (Hamburger).

Il faudrait encore y joindre la non-sensibilité des tuberculeux atteints de rougeole, qui reste inexpliquée.

Nicolle, appliquant sa théorie générale de l'immunité, explique les réactions et les non-réactions par l'existence d'anticorps coagulants et lysants : les anticorps coagulants prédominant, dans l'immunité; les anticorps lysants, dans l'hypersensibilité.

Richet a voulu considérer les phénomènes d'hypersensibilité à la tuberculine comme des phénomènes d'anaphylaxie. Le sérum des tuberculeux renfermerait de la tuberculine (Yamamouchi, Marmoreck, etc.); mais pour Wassermann et Bruck, Calmette, il n'en renfermerait pas. Aussi Richet, Lesné et Dreyfus pensent-ils que la tuberculine n'agit pas par elle-même, mais par un poison dérivé d'elle, la toxogenine, qui prendrait naissance chez les tuberculeux. Sahli, avec Wolff-Eissner, adoptant les vues de Nicolle admet que la tuberculine est transformée dans l'organisme par la lysine, en un corps la tuberculine lysinée, qui est toxique et produit les accidents d'hypersensibilité; cette tuberculine-lysinée, agissant comme antigène provoque la formation d'anti-tuberculine lysinie, dont la présence assure l'immunité à la tuberculine, l'accoutumance.

D'autres comme Wassermann et Brucke, Marmoreck, Rosenau et Anderson, Wahlen, pensent que ce poison prend naissance dans le foyer tuberculeux, sous l'influence de la tuberculine, ce qui paraît être corroboré par ce fait qu'il paraît impossible de sensibiliser l'animal sain à la tuberculine par des inoculations répétées, mais contredit par cet autre fait qu'une intoxication autre que la tuberculose sensibilise à la tuberculine, Calmette, Breton et Massol voient la cause de la réaction dans la présence de lécithine dans le sérum des tuberculeux.

Mais tout cela n'explique point la sensibilité que présentent les individus atteints d'une autre maladie que la tuberculose, ni l'absence de réaction chez les cachectiques tuberculeux.

Conclusions. — On peut tirer des faits précédemment exposés les conclusions suivantes :

1° La sensibilité à la tuberculine varie suivant les espèces animales ;

2° Par voie sous-cutanée elle est nulle chez les individus *sains* (homme et animal), pour les petites doses ;

3° Par contre la sensibilité est considérable et presque la même pour les animaux sains ou tuberculeux, par voie *intra-cérébrale*.

4° Les inoculations répétées de tuberculine ne paraissent pas déterminer d'hypersensibilité chez l'animal sain. Tout au moins est-elle discutable. Chez l'homme, la fréquence de la tuberculose latente rend toute conclusion délicate.

5° La sensibilité augmente :

α) Dans la tuberculose latente, localisée (osseuse, ganglionnaire), dans la tuberculose pulmonaire, à son début, peu étendue, et pendant les périodes d'accalmie.

β) Dans certaines autres infections aiguës : rhumatisme, pneumonie, érysipèle, fièvre typhoïde, dans l'ictère.

γ) Dans certains états locaux, pour les sensibilités locales : maladies de l'œil, sensibilisent à l'ophtalmo-réaction ; les maladies de la peau, à la cuti-réaction.

6° La sensibilité diminue ou disparaît :

α) Dans la tuberculose aiguë (granulie, méningite) dans les phases aiguës de la tuberculose pulmonaire, chez les tuberculeux cachectiques.

β) Dans certaines maladies comme la coqueluche, la rougeole, même s'il s'agit de tuberculeux en état de réagir.

7° L'absence de réaction n'implique point un état d'accoutumance, d'immunisation même chez les individus traités par la tuberculine, mais plutôt un état de non-sensibilité. Il semble d'ailleurs qu'il n'y ait presque jamais accoutumance complète, et qu'une dose suffisante puisse toujours faire apparaître une réaction.

8° Dans le traitement de la tuberculose par la tuberculine, l'état d'hypersensibilité semble fonction des doses.

a) Les doses moyennes (1 milligramme) rapidement progressives donnent l'état de non-sensibilité ;

b) Les doses faibles (dixièmes de milligrammes) lentement progressives favorisent l'hypersensibilité ;

c) Les doses infinitésimales (millionnièmes de milligrammes) et lentement progressives donnent la non-sensibilité, l'accoutumance.

Traitement des hémoptysies chez les tuberculeux.

M. le Dr S. I. de Jong,
Chef de Clinique médicale à la Faculté de Médecine (Paris).

Si, depuis la plus haute antiquité, un accident aussi dramatique que l'hémoptysie devait forcément attirer l'attention des médecins et leur inspirer la recherche d'une thérapeutique active, cette thérapeutique est encore à l'heure actuelle sinon un véritable problème, du moins un sujet de discussions assez vives. En effet, sauf les hémoptysies des cavitaires et quelques hémoptysies foudroyantes, dues évidemment à l'extension du processus ulcéreux de la lésion tuberculeuse, le mécanisme pathogénique exact des hémoptysies nous échappe presque complètement. Aussi, jusqu'ici, le traitement des hémoptysies était celui de toutes les hémorrhagies. C'était un traitement purement symptomatique. Les travaux de ces dernières années ont essayé d'élucider le problème, en étudiant les circonstances cliniques, climatériques ou thérapeutiques dans lesquelles surviennent les hémoptysies. Elles ont amené certains auteurs à faire ressortir à l'hypertension toutes les hémoptysies et à proposer une médication vaso-dilatatrice de cet accident, ce qui était contraire à toutes les conceptions régnantes de thérapeutique des hémorrhagies. Il y a donc intérêt à essayer de résumer l'état actuel de la question. Ce sera le but de ce rapport.

Au point de vue des conditions dans lesquelles surviennent les hémoptysies, la majorité des travaux récents se sont préoccupés surtout des causes provocatrices des hémoptysies, étude d'ailleurs intéressante, d'où peut découler une utile prophylaxie. Pourtant l'étude des formes cliniques même de ces hémoptysies des tuberculeux, pourrait servir à classer nos moyens thérapeutiques, comme nous le montrerons plus loin.

Pour rester dans le domaine des causes qui ont paru directement provoquer l'hémorrhagie, il semble que les circonstances climatériques et météorologiques jouent un certain rôle. Il est certain que dans nos hôpitaux parisiens, les hémoptysies se voient presque toujours en série. Soit parmi les tuberculeux d'une même salle, soit parmi les entrants admis d'urgence, c'est souvent en même temps qu'on signale des hémoptoïques. Faut-il incriminer les variations thermométriques, barométriques ou hygrométriques? Les données fournies par les auteurs qui ont essayé de fixer ce point sont contradictoires. Ces facteurs même n'interviennent-ils pas surtout en tant que causes favorisantes d'infections saisonnières, amenant un certain degré de congestion pulmonaire aiguë, autour des lésions bacillaires? Cette idée est soutenable, et certains auteurs ont attribué à des poussées congestives d'origine pneumococcique certaines hémoptysies; elle mériterait d'être vérifiée. L'altitude, le séjour au bord de la mer, ont été incriminés comme facteurs d'hémoptysie et l'on peut citer des observations où une application de teinture d'iode, des pointes de feu, un traitement ioduré, arsenical ou créosoté surtout, ont paru coïncider avec l'apparition d'une hémoptysie.

A côté de ces circonstances, sur lesquelles les opinions sont contradictoires, il existe certaines données sur lesquelles les médecins sont presque unanimes. La suralimentation excessive, telle qu'on avait tendance à la comprendre jusqu'à ces dernières années, est certainement un facteur d'hémoptysie. L'alcoolisme, si fréquent chez les malades d'hôpital, joue certainement un rôle provocateur, tel ce malade que nous citait M. Bezançon, qui eut une hémoptysie le lendemain d'excès alcooliques. Les rapports entre l'hémoptysie et la période menstruelle chez les femmes sont encore mieux établis. De même qu'il existe des poussées fébriles pré-menstruelles chez les tuberculeuses, de même les hémoptysies coïncident assez fréquemment avec les règles. On pourrait songer à incriminer la diminution de la coagulabilité du sang à ce moment, et notre maître, le Professeur Landouzy, nous disait avoir observé fréquemment les hémoptysies menstruelles chez des malades dont le foie était altéré. Or, on sait le rôle attribué au foie dans la régulation de la coagulabilité sanguine. Il a pu aussi, par l'administration préventive d'extrait hépatique chez certaines de ses malades à la période pré-menstruelle, empêcher le retour des hémoptysies.

On a voulu surtout faire dépendre d'une hypertension passagère la plupart des hémoptysies. Se basant sur les recherches des auteurs qui auraient constaté une hypertension passagère, certains médecins ont admis que les causes provocatrices d'hémoptysie n'agissaient toutes qu'en provoquant une hypertension passagère. Mais, en dehors de certains travaux contradictoires sur la réalité de cette hypertension, on peut se demander en quoi une hypertension artérielle, constatée au niveau de la radiale, prouve qu'il existe de l'hypertension dans le territoire de l'artère pulmonaire?

Cette dernière théorie du rôle de l'hypertension dans la genèse des hémoptysies semble avoir trouvé une certaine confirmation dans les travaux récents concernant la thérapeutique des hémoptysies dont nous allons exposer l'état actuel, en soulignant les points en discussion. L'excellent rapport de Guinard (1), qui est un des défenseurs les plus autorisés des nouvelles médications, nous servira de guide.

En premier lieu il est un sujet sur lequel tout le monde s'entend, c'est l'hygiène de l'hémoptoïque : mettre le malade au repos, au lit, lui interdire de parler, l'entourer de soins silencieux et écarter de lui toute cause d'agitation.

En revanche, déjà pour les médications externes, révulsifs, glace sur le thorax ou à distance pour provoquer des réflexes inhibiteurs, les opinions sont contradictoires. Beaucoup de médecins et notamment des médecins de sanatorium, particulièrement à même de juger la question, affirment n'avoir vu que de mauvais résultats de l'usage des boissons glacées, et du sac de glace sur le thorax qui sont couramment employés jusqu'ici. Parmi les médicaments un premier groupe, bien que n'ayant pas la prétention d'agir directement sur l'hémoptysie par action vasculaire ou sanguine, est employé par presque tous les médecins. Ce sont les opiacés, l'extrait thébaïque, l'injection de morphine sont couramment employés en France et à l'étranger, et pourtant là encore, certains auteurs leur reprochent, en modérant la toux de favoriser la rétention du sang dans les bronches et de disséminer l'infection bacillaire.

Si les opiacés peuvent être considérés comme des adjuvants plutôt que comme des médicaments agissant directement sur l'hémoptysie, les médicaments favorisant la coagulabilité du sang semblaient devoir donner des résultats plus directs. Malheureusement ni le chlorure de calcium, ni le sérum gélatiné pour

(1) *Société d'Études scientifiques de la tuberculose*, mai 1908. In *Bulletin médical*, 6 mai 1908.

ne parler que des principaux, n'ont tenu en clinique les promesses qu'avaient fait entrevoir les expériences de laboratoire.

Les auteurs français et étrangers s'accordent à reconnaître que le chlorure de calcium n'est qu'un hémostatique médiocre, en matière d'hémoptysie. Au moins n'est-il pas nocif, ce que l'on ne peut pas dire du sérum gélatiné. En dehors des accidents tétaniques, que l'on a signalés à la suite de son emploi, l'injection en est douloureuse et donnerait des poussées fébriles, et Gley et Richaud lui dénient même tout pouvoir hémostatique réel.

C'est en se basant sur leurs propriétés vaso-constrictives que l'on a employé l'adrénaline, l'hydrastis, l'hamamelis, l'antipyrine et surtout l'ergotine.

L'adrénaline, l'antipyrine sont d'excellents vaso-constricteurs locaux. Si ces effets locaux sont très nets, leurs effets sur la circulation générale et pulmonaire sont discutables, surtout pour l'antipyrine et en ce qui concerne l'adrénaline ; comme la dose toxique pour l'homme est facilement atteinte comme une vaso-dilatation secondaire, et un réveil de l'hémorrhagie sont à craindre, comme l'action sur la circulation pulmonaire a semblé problématique à la plupart de ceux qui l'ont employé, ce médicament paraît peu recommandable dans les hémoptysies à la plupart des thérapeutes.

L'ergotine en revanche, médicament classique, est encore pour beaucoup le véritable hémostatique. Nous ne pouvons ici entrer dans le détail du procès que lui ont intenté les auteurs récents, mais il semble bien que l'on se soit illusionné en concluant de son action sur les muscles lisses de l'utérus et de l'intestin, à une action identique sur les fibres lisses des vaisseaux pulmonaires. Déjà l'inutilité de l'ergotine dans les hémoptysies avait été admise par Grauches et Hutinel, elle est plus ou moins reconnue dans la plupart des traités récents français et étrangers.

Aussi devait-on songer à se servir plutôt des vaso-dilatateurs qui, en abaissant brusquement la tension artérielle, en diminuant la vitesse circulatoire sanguine favoriseraient l'arrêt des hémoptysies. Si l'extrait de gui est à l'étude, la trinitrine et surtout le nitrite d'amyle ont été souvent employés à la suite de Flick et de Fr. Hare, par les médecins français (1).

C'est là le point tout à fait nouveau du traitement des hémoptysies. La médication vaso-dilatatrice est encore loin d'être classique ; on lui objecte une inefficacité égale à celle des autres médicaments dans les cas graves et surtout on a reproché au nitrite d'amyle le peu de durée de son action, mais il faut reconnaître que c'est à cause de son action rapide et comme médicament d'urgence que son emploi a été conseillé. C'est encore comme dépresseur de la tension sanguine que les auteurs, partisans de la médication vaso-dilatatrice emploient les vomitifs et surtout l'ipéca, qui a presque complètement remplacé l'émétique, tant prôné jadis. Ici le désaccord existe presque uniquement sur la question des doses, car la majorité des médecins emploie l'ipéca dans les hémoptysies d'intensité moyenne. Mais tandis que les uns cherchent à obtenir l'action brutale, vomitive que préconisait Trousseau, la plupart préfèrent donner l'ipéca à petites

(1) Dans le rapport précité, GUINARD qui a particulièrement recommandé les vaso-dilatateurs, combattant l'idée qu'il peut sembler illogique *à priori* de donner des vaso-dilatateurs aux hémoptoïques, propose pour expliquer leur action la comparaison suivante : « Supposons un système de réservoirs et de tubes en caoutchouc dans lequel circule un liquide sous une pression déterminée; si en un point de ce système existe une petite fissure, le meilleur moyen de favoriser l'échappement du liquide par cette solution sera d'augmenter la tension intérieure, en comprimant une partie ou la totalité du système pour en diminuer la capacité. Si au contraire, toutes choses égales d'ailleurs, la pression diminue, le liquide pourra circuler, sans forcer sur les parois et sans que rien ou peu de chose ne s'échappe par la fissure ».

doses répétées ou la poudre de Dover, qui présente les avantages associés de l'opium et de l'ipéca à faibles doses. Enfin, c'est comme vaso-constricteur pour les uns, comme ralentissant la circulation sanguine pour les autres, que dans certains cas, la digitale aurait une action remarquable.

De ce résumé forcément succinct de l'état actuel de la médication des hémoptysies, on garde l'impression d'une certaine confusion et le praticien né peut qu'être embarrassé devant des contradictions aussi marquées entre des auteurs également autorisés. C'est que cette médication repose sur des données encore bien incertaines (1) et plusieurs raisons expliquent à nos yeux cette incertitude.

En premier lieu, il est incontestable que la majorité des hémoptysies, quand elles ne sont pas immédiatement mortelles, ont tendance à s'arrêter spontanément. On est donc souvent très embarrassé pour savoir le rôle exact d'une médication dans l'arrêt de l'hémoptysie.

En second lieu, il faut reconnaître que la cause intime, le mécanisme des hémoptysies nous échappe encore presque complètement. Le rôle de l'hypertension passagère, si elle existe, est très discutable, et, comme toujours, cette notion ne fait que reculer le problème, car, à supposer que cette hypertension existe et joue un rôle direct dans le mécanisme des hémoptysies, il faudrait encore savoir pourquoi ces crises d'hypertension surviennent chez les tuberculeux habituellement hypotendus.

Enfin, le traitement des hémoptysies semble en général mal présenté. L'hémoptysie ne survient pas dans les mêmes conditions chez tous les tuberculeux. Pour aboutir à quelques indications précises sur le traitement des hémoptysies, il faudrait se préoccuper des formes cliniques que révêtent ces hémoptysies, et essayer de se rendre compte si certaines formes cliniques ne commandent pas certaines interventions thérapeutiques. Dans un travail fait en collaboration avec notre maître Fernand Bezançon (2), nous avions essayé de dégager quelques types cliniques principaux d'hémoptoïques, que schématise le tableau suivant des formes cliniques des hémoptysies chez les tuberculeux.

1° Hémoptysies dites de début.
- Hémoptysie, unique manifestation d'une tuberculose jusque-là latente et qui redevient cliniquement latente.
- Hémoptysie d'alarme, accompagnant une poussée évolutive de tuberculose pulmonaire de gravité variable.

2° Hémoptysies à répétition.
- Forme hémoptoïque à étapes éloignées.
  - a) Sans évolution intercurrente appréciable de lésions pulmonaires.
  - b) Avec évolution intercurrente des lésions pulmonaires atténuées (tuberculeux florides, tuberculeux emphysémateux).
- Forme éréthique de la tuberculose pulmonaire fibro-caséeuse.

3° Hémopytsies rares de la tuberculose ulcéreuse banale.

4° Hémoptysies ultimes des cavitaires.

MM. F. Bezançon et Weil apporteront d'ailleurs ici-même de nouvelles données précises sur certaines de ces formes cliniques.

(1) Les expériences toutes récentes de Frey sur l'action des différents hémostatiques sur la circulation pulmonaire ne font que confirmer cette incertitude. Aucun de nos moyens habituels n'a paru agir sur la circulation pulmonaire. (Voir l'analyse, in *Semaine médicale*, 1910, n° 20).

(2) F. Bezançon et S. I. De Jong : *Formes cliniques des hémoptysies tuberculeuses, Bulletin médical,* 16 mai 1908. (Rapport présenté à la *Société d'études scientifiques sur la tuberculose*, le 14 mai 1908).

Peut-être pourrait-on essayer de grouper les indications du traitement des hémoptysies en partant de cette classification.

Dans les hémoptysies dites de début, impressionnantes, brusques, la médication d'urgence, médication vomitive, nitrite d'amyle, injection de morphine, serait particulièrement indiquée. La médication par la poudre de Dover, assez longtemps prolongée, aidera à combattre la congestion péri-bacillaire qui accompagne la poussée évolutive.

Dans les formes à répétition, on pourra faire de plus une médication prophylactique, car c'est là qu'on a pu observer nettement l'action des causes provocatrices, que nous citions au début de ce rapport, et c'est ici que l'on évitera la mer, l'altitude, les médications intempestives, la suralimentation, ou que par l'extrait hépatique, le repos avant les règles, on pourra éviter le retour fréquent des hémoptysies.

Nous croyons donc que c'est en précisant l'action de certains médicaments, non pas dans les hémoptysies prises en bloc, mais chez des groupes de malades déterminés, que l'on pourra apporter quelque clarté dans cette importante question de thérapeutique.